U0271348

国家示范校建设计算机系列规划教材

编委会

总　编：叶军峰

编　委：成振洋　吕惠敏　谭燕伟　林文婷　刁郁葵

　　　　蒋碧涛　肖志舟　关坚雄　张慧英　劳嘉昇

　　　　梁庆枫　邝嘉伟　陈洁莹　李智豪　徐务棠

　　　　曾　文　程勇军　梁国文　陈国明　李健君

　　　　马　莉　彭　昶　杨海亮　蒙晓梅　罗志明

　　　　谢　晗　贺朝新　周挺兴

顾　问：

　　　　谢赞福　广东技术师范学院计算机科学学院副院长，教授，
　　　　　　　　硕士生导师

　　　　熊露颖　思科系统（中国）网络技术有限公司"思科网络学
　　　　　　　　院"项目经理

　　　　林欣宏　广东唯康教育科技股份有限公司区域经理

　　　　李　勇　广州生产力职业技能培训中心主任

　　　　李建勇　广州神州数码有限公司客户服务中心客户经理

　　　　庞宇明　金蝶软件（中国）有限公司广州分公司信息技术服
　　　　　　　　务管理师、培训教育业务部经理

　　　　梅虢斌　广州斯利文信息科技发展有限公司工程部经理

国家示范校建设计算机系列规划教材

网络综合布线

主　编　肖志舟
副主编　陈国明
参　编　张卓浩　邝嘉伟

暨南大学出版社
JINAN UNIVERSITY PRESS

中国·广州

图书在版编目（CIP）数据

网络综合布线/肖志舟主编 . —广州：暨南大学出版社，2014.5
（国家示范校建设计算机系列规划教材）
ISBN 978 - 7 - 5668 - 0966 - 7

Ⅰ.①网…　Ⅱ.①肖…　Ⅲ.①计算机网络—布线—高等学校—教材
Ⅳ.①TP393.03

中国版本图书馆 CIP 数据核字（2014）第 054995 号

出版发行：暨南大学出版社

地　　址：中国广州暨南大学
电　　话：总编室（8620）85221601
　　　　　营销部（8620）85225284　85228291　85228292（邮购）
传　　真：（8620）85221583（办公室）　85223774（营销部）
邮　　编：510630
网　　址：http：//www.jnupress.com　http：//press.jnu.edu.cn

排　　版：广州市天河星辰文化发展部照排中心
印　　刷：广东广州日报传媒股份有限公司印务分公司

开　　本：787mm×1092mm　1/16
印　　张：9.75
字　　数：157 千
版　　次：2014 年 5 月第 1 版
印　　次：2014 年 5 月第 1 次

定　　价：25.00 元

总　序

当前，提高教育教学质量已成为我国职业教育的核心问题，而教育教学质量的提高与中职学校内部的诸多因素有关，如办学理念、师资水平、课程体系、实践条件、生源质量以及教学评价等等。在这些影响因素中，无论从教学理论还是从教育实践来看，课程都是一个非常重要的因素。课程作为学校向学生提供教育教学服务的产品，不但对教学质量起着关键作用，而且也决定着学校核心竞争力和可持续发展能力。

"国家中等职业教育改革发展示范学校建设计划"的启动，标志着我国职业教育进入了一个前所未有的重要的改革阶段，课程建设与教学改革再次成为中职学校建设和发展的核心工作。广州市轻工高级技工学校作为"国家中等职业教育改革发展示范学校建设计划"的第二批立项建设单位，在"校企双制、工学结合"理念的指导下，经过两年的大胆探索与尝试，其重点专业的核心课程从教学模式到教学方法、从内容选择到评价方式等都发生了重大的变革；在一定程度上解决了长期以来困扰职业教育的两个重要问题，即课程设置、教学内容与企业需求相脱离，教学模式、教学方法与学生能力相脱离的问题；特别是在课程体系重构、教学内容改革、教材设计与编写等方面取得了可喜的成果。

广州市轻工高级技工学校计算机网络技术专业是国家示范性重点建设专业，采用目前先进的职业教育课程开发技术——工作过程导向的"典型工作任务分析法"（BAG）和"实践专家访谈会"（EXWOWO），通过整体化的职业资格研究，按照"从初学者到专家"的职业成长的逻辑规律，重新构建了学习领域模式的专业核心课程体系。在此基础上，将若干学习领域课程作为试点，开展了工学结合一体化课程实施的探索，设计并编写了用于帮助学生自主学习的学习材料——工作页。工作页作为学习领域课程教学实施中学生所使用的主要材料，能有效地帮助学生完成学习任务，实现了学习内容与职业工作的成功对接，使工学结合的理论实践一体化教学成为可能。

　　同时，丛书所承载的编写理念与思路、体例与架构、技术与方法，希望能为我国职业学校的课程与教学改革以及教材建设提供可供借鉴的思路与范式，起到一定的示范作用！

编委会

2014 年 3 月

目　录

学习情境一

办公室布线与施工

 学习目标◎

　　根据用户办公区的实际应用需求，进行现场勘察，做出该办公室的布线方案并进行施工。通过本课业的学习，应该能够：

　　（1）区分智能建筑与非智能建筑，并说出智能建筑的特点；

　　（2）说出综合布线子系统划分的基本原则，在施工图纸中正确指出综合布线子系统的位置；

　　（3）根据办公室场地实际情况，做出布线需求分析并与用户进行交流；

　　（4）在教师的演示下，识别工作区子系统常用传输介质与器材；

　　（5）在教师的指导下，对工作区子系统进行设计，撰写设计方案，统计材料清单，做出初步材料预算表；

　　（6）熟练使用布线常用工具进行双绞线端接、信息模块安装、信息插座安装与跳线连通测试；

　　（7）在教师的指导下，学习GB50311—2007，并完成相关练习题；

　　（8）口述综合布线常用的术语及缩略词；

　　（9）使用VISIO绘图软件绘制基本网络拓扑图和室内图。

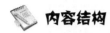 **内容结构**

课程总体架构

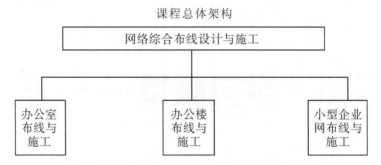

1. 智能建筑的发展、功能和组成，熟悉综合布线系统的定义、特点

2. 智能建筑与综合布线系统的关系

3. 综合布线系统的主要标准

4. 综合布线系统的组成与结构

5. 网络通信链路的组成、综合布线系统结构拓扑结构表示

6. 双绞线端接、信息模块安装、信息插座安装与跳线连通测试、PVC 线槽的制作

7. 工作区子系统的材料预算表

8. 认知综合布线常用的术语及缩略词

9. VISIO 绘图软件

 学习任务或学习情境描述

某企业有一层空间，计划做成 7 间办公室，供员工进行办公，现欲对该办公区进行布线。在设计该办公区信息点布局时，必须考虑空间的利用率，并且便于办公人员工作。信息插座根据工位的摆放设计安装在墙面与地面。

每个信息插座上包括 1 个数据点和 1 个语音点。每个点敷设 1 根超五类非屏蔽双绞线，要求数据线与语音线分开敷设，所有的信息插座使用双口面板安装，所有的布线使用 PVC 管暗装敷设。要求：

（1）工作区内线管的敷设路径要合理、美观；

（2）信息插座设计应把设计规范与现场环境相结合，合理安排墙面插座与地面插座位置；

（3）信息插座与计算机设备的距离保持在 5 米范围内；

（4）至少选择三种品牌的布线材料与器材供用户选择；

（5）工作区所需的信息模块、信息插座、面板的数量统计应准确。

第一部分　学习准备

1. 认知网络综合布线

网络综合布线是一门新发展起来的工程技术，它涉及许多理论和技术问题，是一个多学科交叉的新领域，也是计算机技术、通信技术、控制技术与建筑技术紧密结合的产物。它是建筑物或建筑群内的传输网络系统，它能使语音和数据通信设备、交换设备和其他信息管理系统彼此连接，包括建筑物到外部网络的连接点与工作区的语音或数据终端之间的所有电缆及相关联的布线部件。

2. 认知综合布线系统工程的各个子系统

GB50311—2007《综合布线系统工程设计规范》国家标准规定，在综合布线系统工程设计中，宜按照下列七个部分进行：工作区子系统、水平子系统、垂直子系统、管理间子系统、设备间子系统、进线间子系统、建筑群子系统。

第二部分　计划与实施

学习活动一　VISIO 绘图软件绘制室内图

一、各位同学从教师手中获取施工图，并详细阅读，看是否能够正确阅读

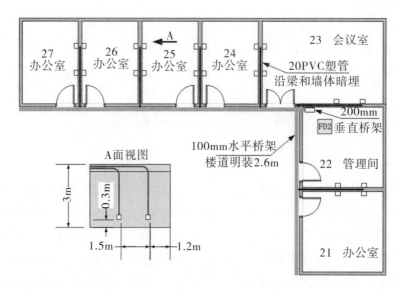

图 1 - 1

二、学习用 VISIO 绘制常用图形并完成以下学习任务

1. 办公室室内图绘制

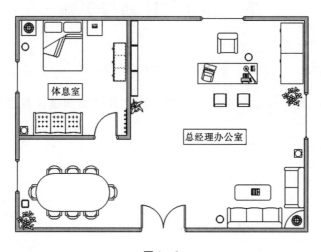

图 1 - 2

2. 会展分布图绘制

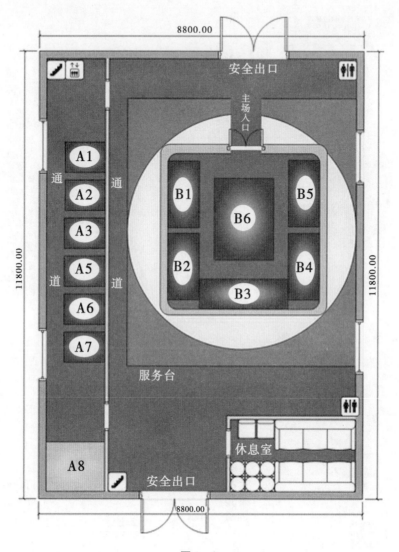

图 1-3

3. 绘制网络拓扑结构图

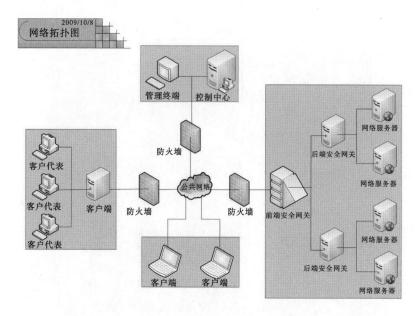

图 1-4

4. 绘制水处理流程图

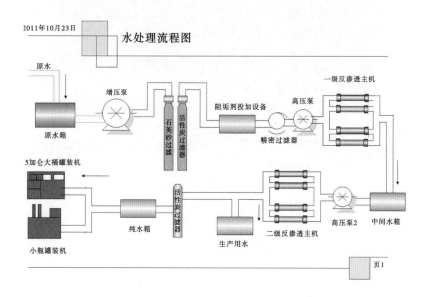

图 1-5

三、拓展活动：完成 GB50311—2007 练习题中"1 总则"内容

学习活动二　智能建筑的定义和发展史、综合布线的定义和特点、综合布线的组成和结构以及网络拓扑结构图

一、智能建筑的定义以及基本功能

二、你见过的智能大厦有哪些

三、综合布线的定义以及特点

四、你如何理解综合布线的特点，分小组讨论，举实例回答

五、综合布线的组成和结构

（一）请在下图中标示出综合布线各个子系统的位置

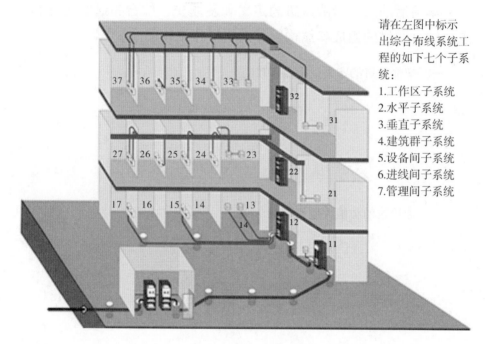

请在左图中标示出综合布线系统工程的如下七个子系统：

1. 工作区子系统
2. 水平子系统
3. 垂直子系统
4. 建筑群子系统
5. 设备间子系统
6. 进线间子系统
7. 管理间子系统

图 1-6

（二）各个子系统的定义和理解

1. 工作区子系统

工作区子系统又称为服务区子系统，它由跳线与信息插座所连接的设备组成。请根据先前所学的知识以及日常所见，列出其可能连接的设备名称。

网络综合布线

2. 水平子系统

水平子系统应由工作区信息插座模块、模块到楼层管理间连接缆线、配线架、跳线等组成。你肯定见过某一类的连接线缆，请查阅相关资料，说出你所见过的连接线缆的主要特性，填写表1-1。

表1-1　某一种连接线缆的特性

名称	线对	优点	主要参数（只要求写出参数名称）

3. 垂直子系统

提供建筑物的干线电缆，负责连接管理间子系统与设备间子系统。干线传输电缆的设计必须既满足当前的需要，又适合今后的发展，具备高性能和高可靠性，支持高速数据传输。

4. 管理间子系统

管理间子系统也称为电信间或者配线间，一般设置在每个楼层的中间位置，是安装楼层机柜、配线架、交换机的楼层管理间。管理间子系统也是连接垂直子系统和水平子系统的设备。

5. 设备间子系统

设备间在实际应用中一般称为网络中心或者机房，是在每栋建筑物的适当地点进行网络管理和信息交换的场地。请根据先前所学的知识以及日常所见，列出可能放在设备间的设备名称。

6. 进线间子系统与建筑群子系统

进线间是建筑物外部通信和信息管线的入口部位，并可作为入口设施和建筑群配线设备的安装场地。建筑群子系统也称为楼宇子系统，主要实现楼与楼之间的通信连接，一般采用光缆并配置相应设备。在建筑群子系统中室外缆线敷设方式，一般有架空、直埋、地下管道三种。请查阅相关资料，填写表 1 – 2。

表 1 – 2　建筑群子系统缆线敷设方式比较

方式	优点	缺点
架空		
直埋		
地下管道		

（三）就北校综合楼完成以下任务

1. 现场观察

请与你的团队成员现场观察校园里北校综合楼，完成表 1 – 3 的填报。

表 1 – 3　楼宇综合布线大致情况

楼宇名称		楼宇位置		楼宇层数	
是否有设备间		如有设备间，它的位置			
是否有竖井		如有竖井，它的大致位置			
是否有楼层配线间		如有楼层配线间，它的大致位置			
进线采用的方式					

2. 查阅综合布线常用的标准

随着综合布线系统技术的不断发展，与之相关的国家标准和国际标准也更加规范化、标准化和开放化。请查阅相关资料，填报表1-4。

表1-4　综合布线常用的国际标准、国家标准名称

类别	标准名称
国际标准	
国家标准	

六、绘制一般网络的树形结构（包含终端、接入层、汇聚层、核心层）

七、绘制综合布线系统的三级结构

八、实训：构想智能建筑的智能化蓝图

提示：召开班级研讨会，由学生构想智能建筑智能化系统的类别、功能、发展前景等。

九、拓展活动：完成 GB50311—2007 练习题中"2.1 术语"内容

学习活动三　工作区子系统的材料预算表

一、完成施工图中办公室材料预算表之前，先完成北校学生宿舍 5 号楼 B 座的材料预算表

学生宿舍 5 号楼 B 座综合布线工程：

（一）设计概述

1. 工程概况

①工程名称：广州市轻工技师学院学生宿舍 5 号楼 B 座综合布线工程

②地理位置：广州市轻工技师学院学生宿舍区

③建筑物数量：1 栋

2. 布线系统设计、施工、验收遵循的规范和标准

①ISO/IEC/IS 11801《国际布线标准》（第二版）

②ANSI/EIA/TIA 568B《商务建筑物建筑布线标准》

③GB/T 50311—2000《建筑与建筑群综合布线系统工程设计规范》

④GB/T 50312—2000《建筑与建筑群综合布线系统工程验收规范》

⑤GB50174—93《电子计算机机房设计规范》

3. 系统建设的范围

学生宿舍 5 号楼 B 座校园网综合布线系统为数据传输提供实用的、灵活的、可扩展的、可靠的模块化介质通路。由于大楼规模不大，在选择好设备间位置后，从设备间到各信息点的距离都在非屏蔽双绞线的 90 米有效传输距离内。为方便管理，综合布线系统采用不设楼层配线间，直接从设备间到信息点的布线方式，水平布线子系统和垂直布线子系统合为一条链路，楼层配线间与设备间合为一体。与学生社区网络中心相连的光缆已拉至 B 座，整体设计与施工包括：工作区子系统；水平/垂直子系统；设备间/管理间子系统。

（二）信息点分布

按所住学生人数，每人分配一个信息点，B座 648 个信息点（其中学生 642 个点，宿管和服务部 6 个点），具体信息点分布统计如表 1-5。

表 1-5　B座信息点分布统计

楼层	1F	2F	3F	4F	5F	6F	
01 房	6	6	6	6	6	6	
02 房	6	6	6	6	6	6	
03 房	6	6	6	6	6	6	
04 房	6	6	6	6	6	6	
05 房	6	6	6	6	6	6	
06 房	6	6	6	6	6	6	
07 房	6	6	6	6	6	6	
08 房	6	6	6	6	6	6	
09 房	6	6	6	6	6	6	
10 房	6	6	6	6	6	6	合计
11 房	6	6	6	6	6	6	
12 房	6	6	6	6	6	6	
13 房			6	6	6	6	
14 房			6		6	6	
15 房	6	6	6	6	6	6	
16 房	6	6	6	6	6	6	
17 房	6	6	6	6	6	6	
18 房	6	6	6	6	6		
19 房	6	6	6	6	6		
宿管	1	5					
小计	103	107	114	108	114	102	648

（三）综合布线系统设计

1. 设备间子系统

设备间子系统是在每栋建筑内的适当位置专设的安装设备和建筑物间光纤接入的房间，它还是网络管理和值班人员的工作场所。管理间子系统设置在楼层配线间内，它由交叉连接设备、互连和 I/O 设备等组成。为了便于管理，且从设备间到楼内各信息点的距离不能超过 90 米，故设备间和管理间合并，不单设楼层管理间。

设备间的温度、湿度、尘埃、照明、电磁场干扰、内部装修、噪声、火灾报警和灭火设施等环境条件，以及接地性能必须符合 GB/T50312—2000《建筑与建筑群综合布线系统工程验收规范》的要求。

B 座设备间设置在 B414 房间，与 C 座设备间共用。

2. 水平子系统

管线设计：相应的管线走向及铺设方式根据现场情况，决定室外均采用镀锌线槽铺设。垂直方向用垂井敷设，水平方向用立柱吊装方式。

在设计水平方向镀锌线槽时，从走廊用 D25PVC 管将电缆引入房间，用 39mm × 19mmPVC 线槽将电缆铺设至房间两边，再用 24mm × 14mmPVC 线槽沿墙铺设至信息点墙面插座，由于房间内已铺设纵横交错的强电线路，PVC 线槽交叉通过强电线路时用防蜡管穿过。

对槽、管大小的选择采用以下简易方式：

槽（管）截面积 =（n × 线缆截面积）/［70% ×（40%—50%）］

槽（管）截面积：表示要选择的槽管截面积；

线缆截面积：表示选用的线缆面积；

n：表示用户所要安装的线缆数（已知数）；

70%：表示布线标准规定允许的空间；

40%—50%：表示线缆之间浪费的空间。

水平电缆：采用超 5 类非屏蔽双绞线（UTP），水平电缆长度不超过 90 米。与其相应的跳线、信息插座模块和配线架等接插件也采用超 5 类产品，满足当前传输 100Mbps 的要求和将来升级到 1000Mbps 的需要。

本设计水平布线系统均采用星形拓结构，它以设备间为主节点，形成向工作区辐射的星型线路网状态。

电缆用量计算方式：

A（平均长度）=（最短长度+最长长度）×0.55+D

D 是端接余量，常用数据是 6—15 米，根据工程实际取定。本设计中取 D 为 6 米。

水平电缆的箱数 = 信息点数 × A（平均长度）/305 + 1

布线管理：在施工图中，对全部信息点进行编号。编号方式：mD（A、F、T）nX－Y。其中，m 为楼栋号，n 为楼层号，X 为房号，Y 为该房内信息点序号。该编号与楼层配线间中配线架上的编号一一对应。在水平电缆敷设施工中，按编号方式在每一条电缆的两端粘贴编号，以保证配线架上的端口与信息点插座一一对应。

3. 工作区子系统

工作区子系统的范围是从通信引出端到工作站接线处（即终端设备接线处）。每一个独立的需要设置终端设备的区域都可以划分为一个工作区。工作区子系统由终端设备连接到通信引出端的连线和连接装置（如适配器或接线）组成，其中不包括终端设备，但包含装配软线、连接器（又称适配器盒）和连接所用的扩展软线等。根据宿舍现有情况，信息插座在与电源插座平行处明装。

（四）工程安装内容及要求

工程施工包括管槽安装、电缆铺设、配线机柜安装、配线架安装、线缆端接、信息模块端接、链路测试、网络设备安装等。具体内容有：

①管槽安装与水平双绞线的铺设；

②信息插座面板和配线模块安装和端接（包括 RJ45 端口）；

③安装中在线缆长度、跳线和端接开绞的长度以及连接数等方面必须遵守 ISO/IEC11801 的规定；

④双绞线的安装应避免强力拉伸和过小的扭曲半径，这一点必须严格遵守 ISO/IEC11801 的规定；

⑤所有部件安装应牢固、可靠，并能根据环境防潮、防湿、防鼠害，避免外界因素的损坏；

⑥综合布线系统的接地必须遵守 ISO/IEC11801 的规定，采用计算机保护地与配线柜屏蔽地统一接地方案；

⑦设备间的安装。

（五）综合布线工程工期安排

设计阶段：2012 年 11 月 1 日—2012 年 11 月 15 日

施工阶段：2012 年 12 月 3 日—2013 年 1 月 16 日

验收阶段：2013 年 1 月 16 日

（六）材料、工程费预算表

表 1-6　材料、工程费预算表

学生宿舍 5 号楼 B 座网络综合布线系统材料、工程费清单

序号	材料名称	规格（高×宽×厚度）	数量	单位	单价	金额	备注
1	热镀锌线槽	100×200×15	12	m			
2	热镀锌线槽	100×100×12	8×	m			
3	热镀锌线槽	100×60×1.0	122	m			
4	热镀锌线槽	60×40×0.8	234	m			
5	镀彩角钢立柱	40×40×2.0　L=750	190	支			
6	托臂	L=60	30	只			
7	托臂	L=100	180	只			
8	托臂	L=200	10	只			
9	托臂	L=300	10	只			
10	托臂	L=400	10	只			
11	垂直下弯通	60×100	1	个			
12	水平弯通	40×60	7	个			
13	水平变径弯通	60×100/40×60	2	个			
14	垂直变径下弯通	10×100/60×100	1	个			
15	水平弯通	60×100	5	个			

二、根据学生宿舍楼材料预算表的制作方法，完成施工图中办公室的材料预算表

三、拓展活动：完成 GB50311—2007 练习题中"2.2 符号与缩略词"内容

学习活动四　常用传输介质的学习，双绞线跳线的制作及连通测试、信息模块以及信息插座的安装、PVC 线槽的制作

随着计算机应用的普及和数字化城市的快速发展，智能化建筑和综合布线系统已经非常普遍，并深刻影响着人们的生活。综合布线系统是一个非常重要而且复杂的系统工程，它与智能化建筑的寿命相同，是百年大计。因此综合布线系统的设计和施工技术就显得非常重要，特别是配线端接技术，直接影响网络系统的传输速率、稳定性和可靠性。本任务主要是在实训室模拟办公室的布线环境，完成办公室布线施工，特别是强化配线端接技能。

一、信息底盒安装

安装在地面上的接线盒应防水和抗压，安装在墙面或柱子上的信息插座底盒、多用户信息插座盒及集合点配线箱体的底部离地面的高度宜为 300mm。如图 1 - 7 所示：

图 1 - 7　底盒安装

二、线缆布放

从机柜位置开始，在线管中穿放到各个信息点的线缆，注意在机柜内应

预留 80—100 cm 的线缆，在底盒预留 10—15 cm 的线缆，并对每条线缆作标记。

三、信息模块安装

信息模块的安装涉及工具的准备、多余线头的处理、剥线、压线等步骤，请写出信息模块安装过程及注意事项，完成信息模块的安装任务，所完成的工作成果必须得到指导教师的认可。

四、面板安装

安装时将模块卡接到面板接口中。如果双口面板上有网络和电话插口标记时，按照标记口位置安装。

思考：如果双口面板上没有标记时，网络模块与电话模块安装位置如何？

五、跳线制作

目前，最常用的布线标准有两个，分别是 EIA/TIA T568A 和 EIA/TIA T568B 两种。在一个综合布线工程中，可采用任何一种标准，但所有的布线设备及布线施工必须采用同一标准。通常情况下，布线工程中采用 EIA/TIA T568B 标准。

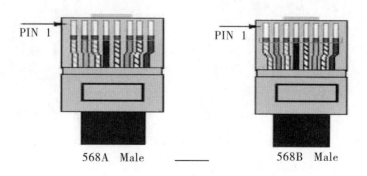

图 1-8 T568A 与 T568B 示意图

观察图 1-8（实际为彩色，本图为黑白印刷），填报表 1-7。

表 1 – 7   T568B 直通线制作线序

线缆色标	PIN1	PIN2	PIN3	PIN4	PIN5	PIN6	PIN7	PIN8
端 1								
端 2								

1. 跳线制作

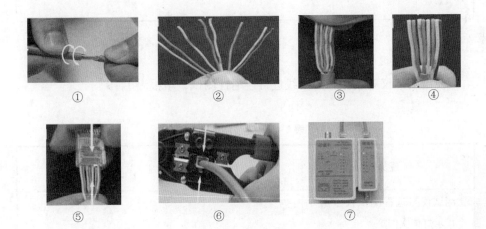

①   ②   ③   ④

⑤   ⑥   ⑦

请按上述图中所示的操作步骤制作跳线，并填报表 1 – 8。

表 1 – 8   跳线制作总结

步骤	操作过程中的关键点
①	
②	

学习情境一　办公室布线与施工

19

（续上表）

步骤	操作过程中的关键点
③	
④	
⑤	
⑥	
⑦	

2. 跳线连通性测试

使用测试仪对制作好的跳线进行连通性测试，填报表 1-9。

表 1-9　跳线测试结果

现象	原因
主测试仪与远程测试仪上的 8 个指示灯依次闪烁	
主测试仪和远程测试端对应线号的灯不亮	
主测试仪端连通的远程测试端指示灯亮灯顺序没有依次变化	
主测试器显示不变，而远程测试端显示两根线灯都亮	
出现红灯或黄灯	

六、PVC 线槽制作

1. 认识 PVC 线槽

线槽分为金属线槽和 PVC 塑料线槽。金属线槽又称为槽式桥架。PVC 塑料线槽是综合布线工程明敷管槽时广泛使用的一种材料，它是一种带盖板的封闭式管槽材料，盖板和槽体通过卡槽合紧。它的品种规格很多，从型号上分有 PVC–20 系列、PVC–25 系列、PVC–30 系列、PVC–40 系列和 PVC–60 系列等；从规格上分有 20mm×12mm、24mm×14mm、25mm×12.5mm、39mm×19mm、59mm×22mm 和 100mm×30mm 等。与 PVC 槽配套的连接件有阳角、阴角、直转角、平三通、左三通、右三通、连接头和终端头等。

2. PVC 线槽的制作

（1）实训内容参照施工图中的办公室进行。

（2）实训环境要求。可在广州市唯康通信技术公司等企业研发的综合布线，实训室的砖混结构模拟楼或钢结构工程项目实训模拟楼（见图1–9）上完成本实训任务。

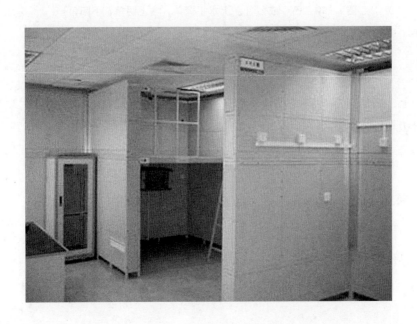

图1–9 VCOM 钢结构工程项目实训模拟楼

（3）PVC 线槽成型训练（水平弯角、阴角、阳角）。

图 1 - 10　PVC 成型（左上水平弯角，右上阴角，下阳角）

3. 完成施工图中办公室的线槽制作部分

七、拓展任务：完成 GB50311—2007 练习题"3.1 系统构成"、"3.2 系统分级与组成"内容

学习活动五　根据施工图、施工情况在实训墙内进行验收及评价

根据施工图中的办公室，按照 GB50312—2007 标准验收工程质量，在验收及评价表中反馈。

表 1-10 学生情感性自评表

班级		姓名		学号			
评价方式：学生自评（情感性评价）							
评价项目	评价标准	评价结果					
		A	B	C	D		
明确学习目标和学习任务，制订学习计划	A：明确学习目标和任务，立即讨论制订切实可行的学习计划 B：明确学习目标和任务，30 分钟后开始制订可行学习计划 C：明确学习目标或者学习任务，制订的学习计划不太可行 D：不能明确学习目标和学习任务，基本不能制订学习计划						
小组学习表现（该项由组长填报）	A：在小组中担任明确的角色，积极提出建设性建议，倾听小组其他成员的意见，主动与小组成员合作完成学习任务 B：在小组中担任明确的角色，提出自己的建议，倾听小组其他成员的意见，与小组成员合作完成学习任务 C：在小组中担任的角色不明确，很少提出建议，倾听小组其他成员的意见，被动与小组成员合作完成学习任务 D：在小组中没有担任明确的角色，不提出任何建议，很少倾听小组其他成员的意见，不能很好地与小组成员合作完成学习任务						

学习情境一　办公室布线与施工

评价项目	评价标准	评价结果			
		A	B	C	D
主动学习	A：学习过程与学习目标高度统一，主动参与学习与工作，在规定的时间内出色完成本学习单元的各项任务 B：学习过程与学习目标相统一，主动参与学习，在规定的时间内完成本学习单元绝大部分任务 C：学习过程与学习目标基本一致，在他人的帮助下完成所规定的学习与工作任务 D：参与了学习过程，必须有教师或组长的催促才能进行学习，在规定的时间内只完成本学习单元的部分任务				
心理承受力（该项由组长填报）	A：自觉对小组和项目负责，有完成重大任务的心理准备 B：责任心更加经常化、自觉化 C：能够在小组组长的提醒下完成任务和自我评估成果 D：能够在教师监督下完成任务和自我评估成果				
获取与处理信息	A：能够独立地从多种信息渠道收集对完成学习与工作任务有用的信息，并将信息分类整理后供他们分享 B：能够利用学院图书信息源获得对完成学习与工作任务有用的信息 C：能够从教材和教师处获得对完成学习与工作任务有用的信息 D：必须由教师指定的教材与特定的范围才能获得信息				

网络综合布线

表 1 – 11　成果性评价

评价方式：教师评价					
评价项目	评价标准	评价结果			
		A	B	C	D
办公室布线初步设计方案（权重20%）	A：正确分析每个工作区的用途与功能，正确规划信息点数量与位置，信息点数统计表制作准确；初步设计方案得到另一学习小组的确认与签字 B：能够分析每个工作区的用途与功能，基本规划了信息点数量与位置，信息点数统计表制作准确；初步设计方案得到另一学习小组的确认与签字 C：基本分析了每个工作区的用途与功能，基本规划了信息点数量与位置，信息点数统计表制作有2处以上错误；初步设计方案得到另一学习小组的确认与签字，但其他小组有提出质疑 D：无法在规定的时间完成初步设计，经提醒催促后能够上交，设计出现多处错误，经教师指导后能够修改				
办公室布线正式设计方案（权重30%）	A：能够规范地绘制办公室布线平面布局图，准确标识信息点位置，墙面信息点与地面信息点的选择准确无误；清楚地说明信息点安装位置、信息点面板与底盒安装要求；所列出的材料清单与预算准确、详细；正式设计方案能够得到教师的认可 B：能够规范地绘制办公室布线平面布局图，能够标识信息点位置，墙面信息点与地面信息点的选择准确无误；基本说明信息点安装位置、信息点面板与底盒安装要求；所列出的材料清单与预算有2处以上错误 C：能够规范地绘制办公室布线平面布局图，信息点位置标识不符合规范，墙面信息点与地面信息点的选择基本无误；基本说明信息点安装位置、信息点面板与底盒安装要求；所列出的材料清单与预算有4处以上错误 D：无法在规定的时间完成正式设计，经提醒催促后延迟上交，设计出现多处错误				

学习情境一　办公室布线与施工

（续上表）

评价项目	评价标准	评价结果			
		A	B	C	D
办公室布线实训一（权重20%）	A：熟练地使用布线工具完成工作区信息底盒、信息面板的安装，安装过程符合规范，面板标识规范；信息模块的压接正确，多余线头有处理，防尘盖正确安装，线缆在底盒中预留长度合适 B：能够使用布线工具完成工作区信息底盒、信息面板的安装，安装过程符合规范，面板未做标识；信息模块的压接正确，忘记处理多余线头，防尘盖正确安装，线缆在底盒中预留长度合适 C：虽然能够使用布线工具完成工作区信息底盒、信息面板的安装，但安装过程不符合规范，面板未做标识；信息模块的压接正确，忘记处理多余线头，防尘盖忘记安装，线缆在底盒中预留长度不合适 D：在规定的时间内只完成上述50%的任务				
办公室布线实训二（权重20%）	A：RJ45网络跳线制作线序准确无误，线缆外套在水晶头中的压接符合规范，连通性测试100%通过；线管口径选择正确，在网络综合布线实训装置上所敷设的线管美观，弯角处理得当，线缆穿管时顺利且拉力符合要求。链路测试100%通过，如果未能通过，应能立即查明故障原因并进行修复 B：RJ45网络跳线制作线序准确无误，线缆外套在水晶头中的压接不符合规范，连通性测试100%通过；线管口径选择正确，能够在网络综合布线实训装置上敷设线管，弯角处理稍显毛糙，链路测试未能100%通过，但能立即查明故障原因并进行修复 C：RJ45网络跳线制作线序有误，线缆外套在水晶头中的压接不符合规范，连通性测试未能100%通过；线管口径选择正确，能够在网络综合布线实训装置上敷设线管，弯角处理稍显毛糙，链路测试未能100%通过，在教师的提醒下能查明故障原因并进行修复 D：在规定的时间内只完成上述50%的任务				

网络综合布线

（续上表）

评价项目	评价标准	评价结果			
		A	B	C	D
日常回答问题（权重10%）	A：无迟到、早退、旷课现象，积极主动回答问题，流利正确，能够及时上交本学习单元的学习与工作小结，在小结中能够描述在本单元中专业知识和技能提升情况以及今后的努力目标 B：无迟到、早退、旷课现象，主动回答问题，基本正确，能够及时上交本学习单元的学习与工作小结，在小结中基本能够描述在本单元中专业知识和技能提升情况以及今后的努力目标 C：无旷课现象，能及时上交学习总结，但描述不清晰 D：有旷课现象，虽能上交学习总结，但文档层次不明，结构不清				

第三部分　总结与反思

请各学习小组在下表中总结在本学习情境完成过程中所遇到的问题以及解决的方法。

遇到的问题	解决的方法

学习情境二

办公楼布线与施工

 学习目标◎

根据用户办公楼的实际需求，进行现场勘察，做出该办公楼的布线方案并进行施工。针对该项目工程，编制招投标方案。通过本课业的学习，应该能够：

(1) 根据该办公楼的建筑工程图纸进行现场勘察，撰写勘察报告；

(2) 根据建筑物的实际情况，选择最合理的布线路径，绘制布线路由图；

(3) 做出办公楼综合布线需求分析，并与用户进行沟通，确认初步设计方案；

(4) 在教师的指导下进行水平子系统、管理间子系统、垂直子系统的规划与设计；

(5) 在教师指导下制定大楼施工方案，熟练进行管槽的敷设、线缆的敷设与端接、机柜安装、网络设备安装、标签制作、跳线配置和管理等；

(6) 独立查阅典型的招投标方案，分析该方案的优势与不足之处；

(7) 根据办公楼综合布线工程项目，制作招标书与投标书；

(8) 能够在班级中有效地展示小组制作的招投标书，分析招投标方案的优势与不足。

内容结构

1. 根据施工图和教学模型独立完成点数统计表和端口对应表的制作
2. 正确阅读建筑物图纸，确定布线距离
3. 绘制水平布线路由图
4. 管槽缆线布放设计
5. 管理间子系统布线设计
6. 编号与标记
7. 垂直子系统设计
8. 机柜的设计与安装
9. 网络设备的安装

 学习任务或学习情境描述

某企业新建的综合楼每层的房间数不等，应企业的要求，需为该楼宇进行综合布线系统设计与施工。要求把大楼的通信系统设计成易于维护、更换和移动的配置结构，以适应通信系统及设备未来发展的需要。请与建设方进行沟通，分析建设方的实际需求，做出该办公楼的布线与施工方案并得到用户的认可。

设计方以建设方提供的数据为依据，经过现场勘察，充分了解企业建筑近期和将来的通信需求后，得出信息点估算数量和信息点分布情况，分析结果必须得到建设方的认可。

设计方按照"先进性、可扩展性、高可靠性、标准化、经济性、实用性"原则，根据企业应用需求，进行工作区子系统、水平布线子系统、管理区子系统、垂直干线子系统的设计，具体实现功能如下：

（1）水平子系统应根据楼层用户类别及工程的近、远期终端设备要求，充分考虑终端设备将来可能产生的移动、修改与重新安排；

（2）应根据现场的实际情况与用户对环境的要求确定合适的水平布线路由，选择合适的线槽敷设方式；

（3）在每一楼层都设立一个管理间，用来灵活地管理该层的信息点；

（4）根据楼宇的具体建筑情况选择干线电缆最短、最安全、最经济的垂直系统布线路由；

（5）需要给建设方提供性价比较高的垂直子系统布线材料方案；

（6）干线电缆宜采用点对点端接，大楼与配线间的每根干线电缆直接延伸到指定的楼层配线间；

（7）以开放式为基准，尽量与大多数厂家产品和设备兼容。

该办公楼综合布线工程项目需进行公开招标，综合布线工程发包方作为招标人。你与你的团队作为单位的技术负责人，应该准备相关的资料，撰写招标书，通过发布招标公告或者向一定数量的特定承包人发出招标邀请等方式发出招标信息，提出项目的性质、数量、质量、工期、技术要求以及对承包人的资格要求等招标条件，表明将选择与最能满足要求的承包人签订合同的意向。

第一部分　学习准备

1. 通过查阅相关资料，认知综合布线常用的术语及缩略词

表 2 - 1　综合布线常用术语与缩略词

术语及缩略词	相关描述
楼层配线间	
信道	
永久链路	
水平缆线	
交接	
BD	
FD	
CD	
TO	

术语及缩略词	相关描述
TE	
FTTB	

2. 水平子系统布线距离的计算

要计算整座楼宇的水平布线用线量，首先要计算出每个楼层的用线量，然后对各楼层用线量进行汇总即可。每个楼层用线量的计算公式如下：

$$C = [0.55(F+N)+6] \times M$$

其中，C 为每个楼层用线量，F 为最远的信息插座离楼层管理间的距离，N 为最近的信息插座离楼层管理间的距离，M 为每层楼的信息插座的数量，6 为端对容差（主要考虑到施工时线缆的损耗、线缆布设长度误差等因素）。

3. 布线拉力

线缆布放时，拉力过大会导致线缆变形，破坏电缆对绞的匀称性，导致线缆传输性能下降。查阅相关资料，完成表 2-2 的填报。

表 2-2　布线允许的最大拉力

线缆根数	最大允许拉力
一根 4 对线电缆	
二根 4 对线电缆	
三根 4 对线电缆	
N 根 4 对线电缆	

4. 线管可放线缆的最多条数表

请查阅相关资料，完成表 2-3 的填报。

表 2 - 3　线管规格型号与容纳的双绞线最多条数表

线管类型	线管规格/mm	容纳双绞线最多条数	截面利用率
PVC、金属	16		30%
PVC	20		30%
PVC、金属	25		30%
PVC、金属	32		30%
PVC	40		30%
PVC、金属	50		30%
PVC、金属	63		30%
PVC	80		30%
PVC	100		30%

5. RJ45 模块化配线架

RJ45 模块化配线架主要用于网络综合布线系统，它根据传输性能的要求分为 5 类、超 5 类、6 类模块化配线架。配线架前端面板为 RJ45 接口，可通过 RJ45 - RJ45 软跳线连接到计算机或交换机等网络设备。

6. 管理间壁挂式机柜

对于管理间子系统来说，多数情况下采用 6U - 12U 壁挂式机柜，一般安装在每个楼层的竖井内或者楼道中间。查阅相关资料，完成表 2 - 4 的填报。

表 2 - 4　壁挂式网络机柜参数

U 数	高×宽×深	门及门锁	材料及工艺	附加功能
6U				
9U				
12U				

网络综合布线

7. 垂直子系统线缆容量的计算

在确定每层楼的干线类型和数量时，要根据楼层水平子系统中各个语音、数据、图像等信息插座的数量来进行计算。具体的计算原则如下：

（1）语音干线可按一个电话信息插座至少配 1 个线对的原则进行计算；

（2）计算机网络干线线对容量计算原则是：电缆干线按 24 个信息插座配 2 对对绞线，每一个交换机或交换机群配 4 对对绞线，光缆干线按每 48 个信息插座配 2 芯光纤；

（3）当楼层信息插座较少时，在规定长度范围内，可以多个楼层共用一个交换机。

根据前面的需求分析，该办公楼第六层有 60 个计算机网络信息点，各信息点要求接入速率为 100Mbps，另有 45 个电话语音点，请确定该建筑物第六层的干线电缆类型及线对数。请完成方案并填写以下空格。

① 60 个计算机网络信息点要求该楼层应配置_____台 24 口交换机，交换机之间可通过堆叠或级联方式连接，最后交换机群可通过_____条 4 对超 5 类非屏蔽双绞线连接到建筑物的设备间。因此计算机网络的干线线缆配备_____4 对超 5 类非屏蔽双绞线电缆。

② 40 个电话语音点，主干电缆应为 45 对。根据语音信号传输的要求，主干线缆可以配备一根 3 类_____对非屏蔽_____电缆。

第二部分　计划与实施

学习活动一　水平子系统布线设计与施工

一、各位同学从教师手中获取施工图以及教学模型，并详细阅读，完成相关任务

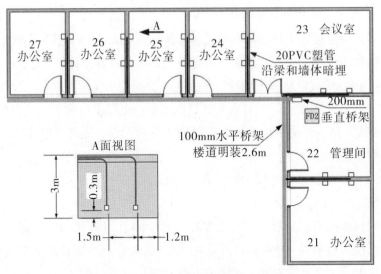

图 2-1　2 层施工图

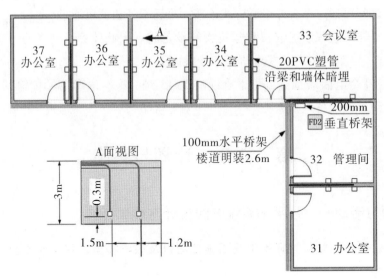

图 2-2　3 层施工图

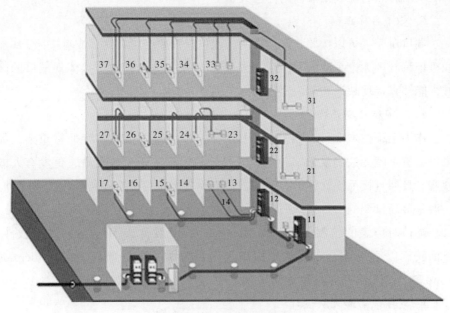

图 2 - 3　教学模型图

二、根据教学模型图完成端口统计表

综合布线工程信息点端口对应表应该在进场施工前完成，并且将打印表带到现场，方便现场施工编号。端口对应表是综合布线施工必需的技术文件，主要规定房间编号、每个信息点的编号、配线架编号、端口编号、机柜编号等，主要用于系统管理、施工方便和后续日常维护。端口对应表编制要求如下：

1. 表格设计合理

一般使用 A4 幅面竖向排版的文件，要求表格打印后，表格宽度和文字大小合理，编号清楚，特别是编号数字不能太大或者太小，一般使用小四或者五号字。

2. 编号正确

信息点端口编号一般由"数字 + 字母串"组成，编号中必须包含工作区位置、端口位置、配线架编号、配线架端口编号、机柜编号等信息，能够直观反映信息点与配线架端口的对应关系。

3. 文件名称正确

端口对应表可以按照建筑物编制，也可以按照楼层编制，或者按照 FD 配线机柜编制。无论采取哪种编制方法，都要在文件名称中直接体现端口的区域，能够直接反映该文件内容。

4. 签字和日期正确

作为工程技术文件，编写、审核、审定、批准等人员签字非常重要，如果没有签字就无法确认该文件的有效性，也没有人对文件负责，更没有人敢使用。日期直接反映文件的有效性，在实际应用中可能会经常修改技术文件，一般是最新日期的文件替代旧日期的文件。

端口对应表的编制一般使用 Microsoft Word 软件或 Microsoft Excel 软件，下面我们以西元综合布线教学模型为例，选择一层信息点，使用 Microsoft Word 软件说明编制方法和要点。

1. 文件命名和表头设计

首先打开 Microsoft Word 软件，创建 1 个 A4 幅面的文件，同时给文件命名，例如 "02 - 西元综合布线教学模型端口对应表"。然后编写文件题目和表头信息，文件题目为 "西元综合布线教学模型端口对应表"，项目名称为 "西元教学模型"，建筑物名称为 "2 号楼"，楼层为 "一层 FD1 机柜"，文件编号为 "XY03 - 2 - 1"。

2. 设计表格

设计表格前，首先分析端口对应表需要包含的主要信息，确定表格列数。其次确定表格行数，一般第一行为类别信息，其余按照信息点总数量设置行数，每个信息点一行。然后填写第一行类别信息。最后添加表格的第一列序号。这样一个空白的端口对应表就编制好了。

3. 填写机柜编号

西元综合布线教学模型中 2 号楼为三层结构，每层有一个独立的楼层管理间，一层的信息点全部布线到该层的这个管理间，而且一层管理间只有 1 个机柜，标记为 FD1，该层全部信息点将布线到该机柜，因此我们就在表格中 "机柜编号" 栏全部行填写 "FD1"。

如果每层信息点很多，则可能会有几个机柜，工程设计中一般按照 FD11、

FD12 等顺序编号，FD1 表示一层管理间机柜，后面 1、2 为该管理间机柜的顺序编号。

4. 填写配线架编号

根据前面的点数统计表，我们知道西元教学模型一层共设计有 24 个信息点。设计中一般会使用 1 个 24 口配线架，我们就把该配线架命名为 1 号，该层全部信息点将端接到该配线架，因此我们就在表格中"配线架编号"栏全部行填写"1"。

如果信息点数量超过 24 个时，就会有多个配线架，例如有 25—48 个信息点时，需要 2 个配线架，我们就把两个配线架分别命名为 1 号和 2 号，一般将最上边的配线架命名为 1 号。

5. 填写配线架端口编号

配线架端口编号在生产时都印刷在每个端口的下边，在工程安装中，一般每个信息点对应一个端口，一个端口只能端接一根双绞线电缆。因此我们就在表格中"配线架端口编号"栏从上向下依次填写"1"、"2"…"24"。

6. 填写插座底盒编号

在实际工程中，每个房间或者区域往往设计有多个插座底盒，我们对这些底盒也要编号，一般按照顺时针方向从 1 开始编号。一般每个底盒都设计和安装双口面板插座，因此我们就在表格中"插座底盒"栏从上向下依次填写"1"或者"1"、"2"。

7. 填写房间编号

设计单位在实际工程前期设计图纸中，每个房间或者区域都没有数字或者用途编号，弱电设计时首先给每个房间或者区域编号。一般用两位或者三位数字编号，第一位表示楼层号，第二位或者第二三位为房间顺序号。西元教学模型中每层只有 7 个房间，所以就用两位数编号，例如一层分别为"11"、"12"…"17"。因此我们就在表格中"房间编号栏"填写对应的房间号数字，11 号房间 2 个信息点我们就在 2 行中填写"11"。

8. 填写信息点编号

完成上面的七步后，按照图 2 - 4 的编号规定，就能顺利完成端口对应表的编制。把每行第三栏至第七栏的数字或者字母用"—"连接起来填写在"信息点编号"栏。特别注意双口面板一般安装两个信息模块，为了区分这两个信息点，一般左边用"Z"，右边用"Y"标记和区分。为了使安装人员快速读懂端口对应表，也需要把下面的编号规定作为编制说明设计在端口对应表文件中。

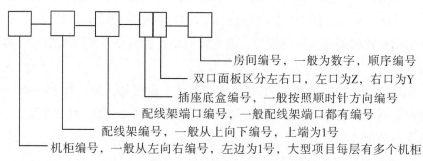

图 2 - 4　信息点编号规定

9. 填写编制人和单位等信息

在端口对应表的下面必须填写"编制人"、"审核人"、"审定人"、"编制单位"、"日期"等信息。如表 2 - 5 所示。

表 2 - 5　西元综合布线教学模型端口对应表

项目名称：西元综合布线教学模型　建筑物名称：2 号楼

楼层：一层 FD1 机柜　文件编号：XY03 - 2 - 1

序号	信息点编号	机柜编号	配线架编号	配线架端口编号	插座底盒编号	房间编号
1	FD1 - 1 - 1 - 1Z - 11	FD1	1	1	1	11
2	FD1 - 1 - 2 - 1Y - 11	FD1	1	2	1	11
3		FD1	1	3	1	12
4		FD1	1	4	1	12
5		FD1	1	5	1	13
6		FD1	1	6	1	13
7	FD1 - 1 - 7 - 2Z - 13	FD1	1	7	2	13
8		FD1	1	8	2	13
9		FD1	1	9	1	14

网络综合布线

（续上表）

序号	信息点编号	机柜编号	配线架编号	配线架端口编号	插座底盒编号	房间编号
10		FD1	1	10	1	14
11		FD1	1	11	2	14
12	FD1－1－12－2Y－14	FD1	1	12	2	14
13		FD1	1	13	1	15
14		FD1	1	14	1	15
15		FD1	1	15	2	15
16		FD1	1	16	2	15
17		FD1	1	17	1	16
18		FD1	1	18	1	16
19		FD1	1	19	2	16
20		FD1	1	20	2	16
21		FD1	1	21	1	17
22		FD1	1	22	1	17
23		FD1	1	23	2	17
24	FD1－1－24－2Y－17	FD1	1	24	2	17

编制人签字：　　　　　　审核人签字：　　　　　　审定人签字：

编制单位：广州市轻工技师学院　　　　　时间：　　　年　月　日

三、点数统计表制作与系统图

1. 制作点数统计表

首先在表格第一行填写文件名称，第二行填写房间或者区域编号，第三行填写数据点和语音点。一般数据点在左栏，语音点在右栏，其余行对应楼层，注意每个楼层分两行，一行为数据点，一行为语音点，同时填写楼层号，楼层号一般按照第一行为顶层，最后一行为一层，最后两行为合计。然后编制列，第一列为楼层编号，其余为房间编号，最右边三列为合计。

2. 填写数据信息点和语音信息点数量

按照西元网络综合布线工程教学模型，把每个房间的数据点和语音点数量填写到表格中。填写时逐层逐房间进行，从楼层的第一个房间开始，逐间分析应用需求和划分工作区，确认信息点数量。

在每个工作区首先确定网络数据信息点的数量，然后考虑语音信息点的数量，同时还要考虑其他智能化和控制设备的需要，例如，在门厅要考虑指纹考勤机、门警系统等网络接口。表格中不需要设置信息点的位置不能空白，而是填写 0，表示已经考虑过这个点，如表 2-6。

表 2-6　西元综合布线工程教学模型点数统计表

			西元综合布线工程教学模型点数统计表															
房间号	x01		x02		x03		x04		x05		x06		x07		TO小计	TP小计	合计	
类别	TO	TP	TO	TP	TO	TP	TO	TP	TO	TP	TO	TP	TO	TP				
三层 TO	2		2		4		4		4		4		2		22			
三层 TP		2		2		4		4		4		4		2		22		
二层 TO	2		2		4		4		4		4		2		22			
二层 TP		2		2		4		4		4		4		2		22		
一层 TO	1		1		2		2		2		2		2		12			
一层 TP		1		1		2		2		2		2		2		12		
TO小计															56			
TP小计																56		
合计																	112	

说明：X=楼层数　　　编制：　　　审核：

四、水平子系统的布线施工

（一）水平子系统布线设计

水平子系统设计范围较分散，遍及整个建筑的每一个楼层，且与房屋建筑结构和其他线槽系统有着密切的关系。因此，在进行水平子系统设计的过程中，应重点关注水平布线路由、线缆的选型与计算、管槽的敷设方式。

1. 阅读建筑物图纸

通过阅读建筑物图纸掌握建筑物的土建结构、强电路径、弱电路径，特别是主要电器设备和电源插座的安装位置，重点掌握在综合布线路径上的电器设备、电源插座、暗埋管线等。在阅读图纸时，进行记录或者标记，请回答以下问题：

水平子系统布线与电路、水路、气路和电器设备是否有直接交叉或者路径冲突问题？

2. 确定布线距离

按照 GB50311—2007 国家标准的规定，水平子系统属于配线子系统，其中对于缆线的长度做了统一规定，请完成图 2-5 的填报。

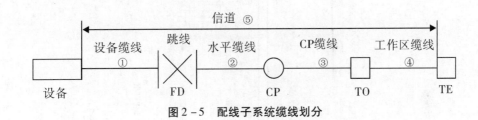

图 2-5　配线子系统缆线划分

其中：①处最长距离为＿＿＿＿＿ m，②处最长距离为＿＿＿＿＿ m，③处最长距离为＿＿＿＿＿ m，④处最长距离为＿＿＿＿＿ m，⑤处最长距离为＿＿＿＿＿ m。

根据办公楼信息点的实际位置，完成表 2-7 的填报。

表 2-7　办公楼信息点水平布线距离

楼层	工作区	工作区编号	最长距离	最短距离
一层	工作区 1			
	工作区 1			
	……			
二层	工作区 1			
	工作区 1			
	……			
……	……			

3. 绘制楼层水平布线路由图（图2-6为某校实训室水平布线路由示意图，供参考）

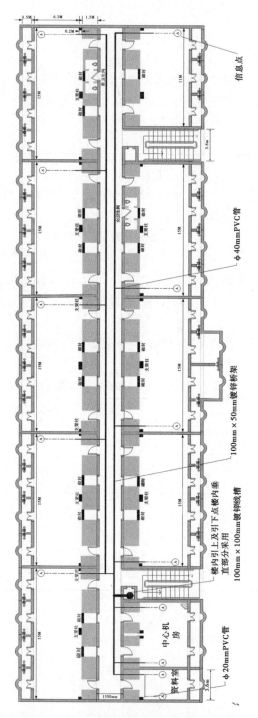

图2-6　某校实训室水平布线路由示意图

4. 管槽缆线布放设计

在水平布线系统中，缆线必须安装在线槽或者线管内。在建筑物墙或者地面内暗设布线时，一般选择线管，较少使用线槽；在建筑物墙面明装布线时，一般选择线槽，很少使用线管。选择线管时，建议使用满足布线根数需要的最小直径线管，这样能够降低布线成本。

企业该办公楼为新建筑物，设计时宜采取墙内暗埋管线，暗管的转弯角度应大于90度，在路径上每根暗管的转弯角度不得多于2个，并不应有S弯出现，有弯头的管段长度超过20m时，应设置管线过线盒装置，采用墙面插座向上垂直埋管到横梁，然后在横梁内埋管到楼道本层墙面出口。图2-7为某一工作区水平子系统暗埋管示意图，供参考。

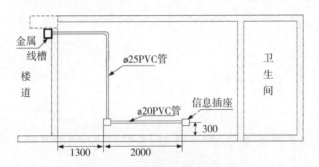

图2-7 水平子系统暗埋管示意图

企业该办公大楼楼道布线采用金属桥架，如图2-8所示（该图供参考）。

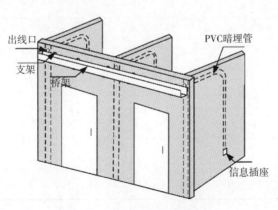

图2-8 楼道安装桥架布线

思考 1：如果某楼层信息点数不多，采用金属桥架进行楼道布线显然投资较高，你会采用何种方式进行楼道布线？请参考图 2－8，画出该楼道布线方式。

思考 2：在对该大楼进行布线设计时，发现几处需加装信息点，但土建时没有暗埋线管，该如何处理？

5. 水平子系统布线材料统计

表 2－8　水平子系统布线材料清单

材料名称	品牌	型号与规格	单位	数量

网络综合布线

五、拓展活动：完成 GB50311—2007 练习题"3.3 缆线长度划分"内容

学习活动二 管理间子系统布线设计与施工

一、管理间编号

根据信息点的分布、数量与管理方式，请分析是每个楼层都需设置独立的配线间还是几个楼层共用一个配线间，确定楼层配线架的位置和数量，填报表 2-9。

表 2-9 楼层管理间编号

楼层	管理间位置	编号	机柜、机架安装方式

1. 设备选型

表 2 – 10　管理间子系统设备选型清单

设备与材料名称	品牌	型号与规格	单位	数量
机柜				
网络配线架				
语音跳线架				
理线架				
……				

2. 绘制机柜安装图

图 2 – 9 为一典型建筑物竖井内机柜安装示意图。

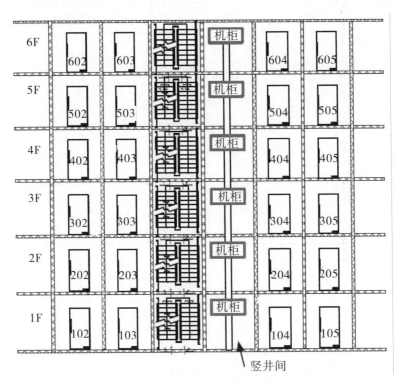

图 2 – 9　某建筑物竖井内机柜安装示意图

3. 编号与标记

管理间是综合布线系统的线路管理区域。该区域往往安装了大量的线缆、管理器件及跳线。为了方便以后线路的管理工作，管理间子系统的线缆、管理器件及跳线都必须做好标记，标明位置、用途等信息。完整的标记应包含以下的信息：建筑物名称、位置、区号、起始点和功能。请设计管理间子系统标记管理方案。

二、管理间施工

1. 机柜内设备的安装

在设备安装之前，首先要进行设备位置规划或按照图纸确定位置，统一考虑机柜内部的跳线架、配线架、理线环、交换机等设备，同时考虑配线架与交换机之间跳线方便。请画出机柜安装设备位置图，图 2 - 10 为某企业楼层配线间机柜设备安装示意图，供参考。

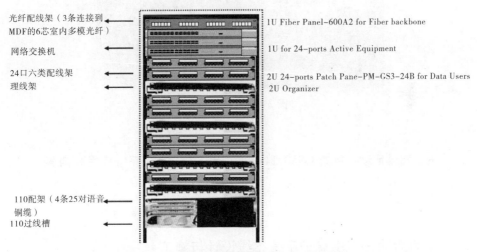

光纤配线架（3条连接到 MDF的6芯室内多模光纤） — 1U Fiber Panel-600A2 for Fiber backbone

网络交换机 — 1U for 24-ports Active Equipment

24口六类配线架 — 2U 24-ports Patch Pane-PM-GS3-24B for Data Users
理线架 — 2U Organizer

110配架（4条25对语音铜缆） —
110过线槽 —

图 2 - 10　某企业配线间机柜设备安装示意图

2. 配线架安装

请注意现场线缆进入机柜的方式，合理安排配线架的位置。完成配线架的安装、理线、端接打线，做好标记，插上标签条。请总结出通信跳线架模块和网络配线架模块的端接经验。

3. 交换机的安装（该部分的工作在其他课程已涉及，本课程不再重复）

4. 理线架的安装与机柜理线

图 2-11 为某企业机柜理线后的情况，机柜的理线是否美观与整齐体现一个公司在工程项目施工过程中的态度，但该环节往往容易被忽略。当然，在第一次进行机柜理线时不可能做到如图 2-11 中的效果，但你与你的团队应该尽量精益求精。请拍下你的团队在设备安装后及理线后机柜内部的照片，以供成果展示用。

图 2-11　机柜理线

三、拓展活动：完成 GB50311—2007 练习题"3.4 系统应用"内容

学习活动三　垂直子系统布线设计与施工

一、垂直子系统设计

1. 确定干线线缆类型及线对

垂直子系统线缆主要有铜缆和光缆两种类型，具体选择要根据布线环境的限制和用户对综合布线系统设计等级的考虑。按照企业办公大楼的实际需求，计算机网络系统的主干线缆选用_____，电话语音系统的主干电缆可以选用_____，有线电视系统的主干电缆一般采用_____。

2. 垂直子系统路径的选择

垂直子系统主干线缆应选择最短、最安全和最经济的路由。路由的选择要根据建筑物的结构以及建筑物内预留的电缆孔、电缆井等通道位置而决定。进行现场勘察后，你可以确定是采用开放型通道、封闭型通道还是另设明装布线通道。

3. 干线线缆的端接方式设计

干线电缆可采用点对点端接，也可采用分支递减端接以及电缆直接连接。根据建筑物实际情况确定垂直干线路由与端接方式，绘制布线端接图（图2–12为某楼宇线缆点对点端接方式示意图，供参考）。

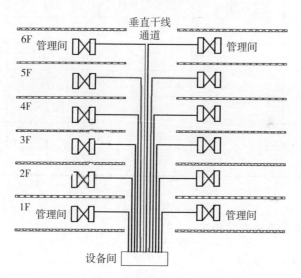

图2–12 某楼宇线缆点对点端接示意图

4. 确定干线子系统通道规模

根据该办公楼综合布线系统所要覆盖的可用楼层面积，确定干线子系统通道规模，填报表2–11。

表 2 - 11   办公楼干线子系统通道确定

信息点与配线间情况	措施
信息点与配线间距离均在合理距离	
部分信息点与配线间距离超过合理距离内	
可能有不对齐的楼层配线间	

5. 列出垂直子系统材料清单

表 2 - 12   垂直子系统材料清单

材料名称	品牌	型号与规格	单位	数量

二、垂直子系统布线施工

1. 电缆井方式布线

在新建的建筑物中，一般采用电缆竖井方式布线。每层楼板上开出一些方孔，一般宽度为 30cm，并有 2.5cm 高的井栏，具体大小要根据所布线的干线电缆数量而定。如图 2 - 13 所示，电缆是捆扎或箍在支撑用的钢绳上，钢绳靠墙上的金属条或地板三角架固定。靠近电缆井的墙上的立式金属架可以支撑很多电缆。

网络综合布线

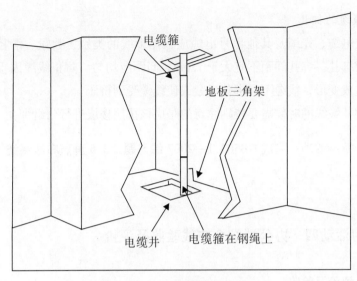

电缆箍

地板三角架

电缆井   电缆箍在钢绳上

图 2 - 13　电缆井垂直布线方式

思考：如果你承接的是一个没有竖井的建筑物的垂直子系统布线任务，你该如何处理？小组讨论，设计布线方案。

2. 线缆的布放

在竖井中敷设垂直干线一般有两种方式：向下垂放电缆和向上牵引电缆。请查阅相关资料，比较这两种线缆布放方式的过程及优缺点。

表 2 - 13　两种垂直干线电缆布放比较

	向下垂放电缆	向上牵引电缆
布放过程		
优点		
缺点		

3. 线缆的捆扎

对绞电缆、光缆及其他信号电缆应根据缆线的类别、数量、缆径、缆线芯数分束绑扎。绑扎间距不宜大于 1.5m，间距应均匀，防止线缆因重量产生拉力而造成变形，线缆不宜绑扎过紧或使缆缆受到挤压。

在绑扎缆线的时候需要特别注意的是应该按照楼层进行分组绑扎。

三、拓展活动：完成 GB50311—2007 练习题"3.5 屏蔽布线系统"内容

学习活动四 办公楼综合布线验收及评价

一、评价及验收

表 2-14 学生情感性自评表

班级		姓名		学号			
评价方式：学生自评（情感性评价）							
评价项目	评价标准			评价结果			
				A	B	C	D
小组学习表现（该项由组长填报）	A：在小组中担任明确的角色，积极提出建设性建议，倾听小组其他成员的意见，主动与小组成员合作完成学习任务 B：在小组中担任明确的角色，提出自己的建议，倾听小组其他成员的意见，与小组成员合作完成学习任务 C：在小组中担任的角色不明显，很少提出建议，倾听小组其他成员的意见，被动与小组成员合作完成学习任务 D：在小组中没有担任明确的角色，不提出任何建议，很少倾听小组其他成员的意见，不能与小组成员很好地合作完成学习任务						

（续上表）

评价项目	评价标准	评价结果			
		A	B	C	D
主动学习	A：学习过程与学习目标高度统一，主动参与学习与工作，在规定的时间内出色完成本学习单元的各项任务 B：学习过程与学习目标相统一，主动参与学习，在规定的时间内完成本学习单元绝大部分任务 C：学习过程与学习目标基本一致，在他人的帮助下完成所规定的学习与工作任务 D：参与了学习过程，必须有教师或组长的催促才能进行学习，在规定的时间内只完成本学习单元的部分任务				
心理承受力（该项由组长填报）	A：自觉对小组和项目负责，有完成重大任务的心理准备 B：责任心更加经常化、自觉化 C：能够在小组组长的提醒下完成任务和自我评估成果 D：能够在教师监督下完成任务和自我评估成果				
小组讨论与汇报	A：能够代表小组用标准普通话以符合专业技术标准的方式汇报、阐述小组学习与工作计划和方案，并在演讲的过程中恰当地配合肢体语言，表达流畅、富有感染力 B：能够代表小组用普通话以符合专业技术标准的方式汇报、阐述小组学习与工作计划和方案，表达清晰、逻辑清楚 C：能够汇报小组学习与工作计划和方案，表达不够简练，普通话不够准确 D：不能代表小组汇报与表达，语言不清，层次不明				

（续上表）

评价项目	评价标准	评价结果			
		A	B	C	D
获取与处理信息	A：能够独立地从多种信息渠道收集对完成学习与工作任务有用的信息，并将信息分类整理后供他们分享 B：能够利用学院图书信息源获得对完成学习与工作任务有用的信息 C：能够从教材和教师处获得对完成学习与工作任务有用的信息 D：必须由教师指定教材与特定的范围才能获得信息				

表 2 - 15　成果性评价

评价方式：教师评价					
评价项目	评价标准	评价结果			
		A	B	C	D
办公楼布线用户需求报告(权重10%)	A：能够准确反映出用户对办公楼布线的需求，设计等级、用户信息业务种类等信息分析完整正确，需求报告得到另一学习小组的确认与签字 B：能够反映出用户对办公楼布线的需求，设计等级、用户信息业务种类等信息分析基本正确，需求报告得到另一学习小组的确认与签字 C：基本反映出用户对办公楼布线的需求，设计等级、用户信息业务种类等信息分析不完整，需求报告得到另一学习小组的确认与签字，但有其他小组提出质疑 D：无法在规定的时间完成需求报告，经提醒催促后能够上交，对用户的需求分析出现3处以上的错误				

（续上表）

评价项目	评价标准	评价结果			
		A	B	C	D
水平子系统设计方案（权重15%）	A：水平子系统布线路由选择合理，能够根据现场环境与用户需求选择合理的管槽敷设方式，线缆布线长度计算准确，材料规格和数量统计准确，设计方案能够得到教师与其他小组的认可 B：水平子系统布线路由选择合理，能够根据现场环境与用户需求选择合理的管槽敷设方式，线缆布线长度计算基本准确，材料规格和数量统计出现2处以上的偏差，设计方案能够得到教师与其他小组的认可 C：水平子系统布线路由选择基本合理，能够根据现场环境与用户需求选择合理的管槽敷设方式，线缆布线长度计算不准确，材料规格和数量统计出现4处以上的偏差，设计方案经修改后能够得到教师与其他小组的认可 D：无法在规定的时间完成设计，经提醒催促后延迟上交，设计出现多处错误				
管理间子系统设计（权重15%）	A：合理地选择管理间子系统机柜、语音配线架、网络配线架、理线架，标识方案合理，楼层配线交接管理方式合理 B：能够较合理地选择管理间子系统机柜、语音配线架、网络配线架、理线架，但未做标识方案，楼层配线交接管理方式合理 C：在选择管理间子系统机柜、语音配线架、网络配线架、理线架过程中有1处的设备选型不合理，未做标识方案，楼层配线交接管理方式合理 D：无法在规定的时间完成设计，经提醒催促后延迟上交，设计出现多处错误				

评价项目	评价标准	评价结果			
		A	B	C	D
垂直子系统设计（权重20%）	A：合理地选择干线路由，线缆类型的选择能体现实际应用需求，正确选择线缆的端接方式，能够较好地进行干线电缆布放与保护设计 B：合理地选择干线路由，线缆类型的选择可行但未能体现实际应用需求，正确选择线缆的端接方式，没有进行干线电缆布放与保护设计 C：合理地选择干线路由，线缆类型的选择可行但未能体现实际应用需求，线缆的端接方式选择有误，没有进行干线电缆布放与保护设计 D：无法在规定的时间完成设计，经提醒催促后延迟上交，设计出现多处错误				
办公楼布线施工（权重30%）	A：熟练安装楼层网络配线架、语音配线架，在网络综合布线实训装置上所敷设的线管美观，弯角处理得当，熟练进行配线架的打线，标记清晰，线缆穿管时顺利且拉力符合要求，链路测试100%通过 B：能够熟练安装楼层网络配线架、语音配线架，在网络综合布线实训装置上所敷设的线管弯角处理稍显毛糙，熟练进行配线架的打线，但没有做相关的标记，链路测试未能100%通过，但能立即查明故障原因并进行修复 C：能够安装楼层网络配线架、语音配线架，在网络综合布线实训装置上所敷设的线管弯角处理稍显毛糙，能进行配线架的打线，但没有做相关的标记，链路测试未能100%通过，在教师的提醒下能查明故障原因并进行修复 D：在规定的时间内只完成上述50%的任务				

网络综合布线

（续上表）

评价项目	评价标准	评价结果			
		A	B	C	D
日常回答问题（权重10%）	A：无迟到、早退、旷课现象，积极主动回答问题，流利正确，能够及时上交本学习单元的学习与工作小结，在小结中能够描述在本单元中专业知识和技能提升情况以及今后的努力目标 B：无迟到、早退、旷课现象，主动回答问题，基本正确，能够及时上交本学习单元的学习与工作小结，在小结中基本能够描述在本单元中专业知识和技能提升情况以及今后的努力目标 C：无旷课现象，能及时上交学习总结，但描述不清晰 D：有旷课现象，虽能上交学习总结，但文档层次不明，结构不清				

二、拓展活动：完成 GB50311—2007 练习题"3.6 开放型办公室布线系统"内容

第三部分　总结与反思

请各学习小组在下表中总结在本学习情境完成过程中所遇到的问题以及解决的方法。

遇到的问题	解决的方法

学习情境三

小型企业网布线与施工

 学习目标◎

　　根据园区网布线的规模与实际需求进行现场勘察，做出园区网综合布线方案并制定施工管理方案。在工程竣工后，需对工程进行测试验收。通过本课业的学习，你应该能够：

　　（1）团队协作，根据园区内建筑施工图纸进行现场勘察，撰写勘察报告，并与用户进行沟通，确认初步设计方案；

　　（2）能够充分利用前两个学习单元所从事的工作，在课外独立完成园区网工作区子系统、水平子系统、管理间子系统与垂直子系统的设计；

　　（3）在教师的指导下进行园区综合布线系统中设备间子系统、建筑群子系统的规划与设计；

　　（4）独立进行布线材料与器材的统计、价格查询与材料清单制作；

　　（5）利用工作页，在教师的适当指导下，查阅测试标准，独立测试所给的双绞线与光缆的各项指标，撰写测试报告；

　　（6）借助工作页，能根据相关标准及设计方案，独立完成布线工程与验收，撰写验收报告。

内容结构

1. 园区网布线设计
2. 制定园区网综合布线施工管理方案
3. 制定综合布线测试方案
4. 综合布线系统工程的验收

 学习任务或学习情境描述

可靠的、高性能的综合布线系统能够为整个企业提供良好的信息传输平台。随着企业规模的不断扩大，该企业园区网涉及若干幢建筑物，在规划和设计时要求考虑计算机信息网络系统、语音通信系统及各智能子系统对综合布线系统的要求，力求建设一个可靠、开放、高带宽、可扩展，并满足未来发展的综合布线系统。请与建设方进行沟通，分析建设方的实际需求，做出该企业园区网综合布线与施工方案，方案应得到用户的认可。

作为设计方应以建设方提供的数据为依据，经过现场勘察，充分了解企业建筑群近期和将来的通信需求后，得出信息点估算数量和信息点分布情况，分析结果必须得到建设方的认可。

按照"先进性、可扩展性、高可靠性、标准化、经济性、实用性"原则，根据企业应用需求，进行综合布线，满足：

（1）主干 1000Mbps，水平 100Mbps 交换到桌面的网络传输要求；

（2）与外网及企业内部局域网的连接；

（3）信息点功能可随需要灵活调整；

（4）具有开放式的结构，能与众多厂家的产品兼容，具有模块化、可扩展、面向用户的特点；

（5）能完全满足企业园区网现在以及今后在语音、数据及影像通信方面的需求，能将语音、数据与影像等方面的通信融于一体，可应用于各种局域网络（LAN），能适应将来网络结构的更改或设备的扩充。

企业园区网综合布线系统竣工后，必须对该工程进行系统的验收测试，找到影响信息畅通传输的各种因素以迅速解决故障与缺陷。依据《建筑与建筑群综合布线系统工程验收规范》GBT—T—50312—2000标准，编制确切的测试与验收技术档案，写出测试与验收报告，交建设方存档，测试记录应准确、完整、规范，便于查阅。依据GBT—T—50312—2000标准与设计方案，制定验收与测试方案，制作相关的验收与测试表格，从三个关键的部分进行测试与验收。

第一部分　学习准备

1. 设备间的面积计算

设备间的使用面积除要考虑所有设备的安装面积，还要预留工作人员管理操作设备的地方。可按以下公式进行面积确定。当设备尚未选型时，则设备间使用总面积 S 为：

$$S = KA$$

A 为设备间所有设备的总台（架）数；

K 为系数，取值（4.5—5.5）平方米/台（架）。

2. 设备间的供电系统

设备间供电电源应满足以下要求：

（1）频率：50Hz；

（2）电压：220V/380V；

（3）相数：三相五线制/三相四线制/单相三线制。

3. 联合接地

联合接地是将防雷接地、交流工作接地、直流工作接地等统一接到共用的接地装置上。观察学校的建筑物，结合相关的资料说明综合布线联合接地时接地引下线、接地体以何种方式实现？

4. 设备间的安全分类

设备间的安全分为 A、B、C 三个类别，查阅相关资料，完成表 3-1 的填报。

表 3-1 设备间安全分类

安全项目	A 类	B 类	C 类
场地选择			
内部装修			
供配电系统			
空调系统			
火灾报警及消防设施			
防静电			
防雷击			
防鼠害			
电磁波的防护			

第二部分　计划与实施

学习活动一　园区网布线设计

在前两个学习任务中，我们完成了企业办公室、办公楼的布线设计与施工，对工作区子系统、水平子系统、管理间子系统和垂直子系统的设计与施工有了较深刻的认知。因此，在对企业园区网的设计中，要求你与你的团队成员能够按照工作页的引导独立完成前两个工作环节。

一、现场勘察与用户需求分析

1. 现场勘察

表 3-2　企业综合布线工程区域

楼宇名称	编号	楼宇层数	是否有地下室
……			

表 3-3　楼层吊顶情况

楼宇名称	编号	楼宇层数	吊顶是否可以打开	吊顶高度（m）	吊顶距梁的高度（m）
……					

表 3-4　楼宇电缆竖井情况

楼宇名称	编号	是否有竖井	竖井内是否有楼板	竖井内的其他线路
……				

表 3 - 5　楼宇设备间、配线间位置

楼宇名称	编号	设备间位置	配线间位置
……			

2. 确定综合布线建筑物 FD - BD 结构

需要根据企业建筑群信息点的实际情况，确定园区相应的 FD - BD 结构，绘制 FD - BD - CD 结构图。

3. 综合布线产品选型

综合布线产品的选用是保证工程质量、加快建设进度、合理控制投资和满足实用需要不可或缺的重要工作，也是关系到综合布线系统工程成败的关键环节。在进行产品选型时，必须结合工程实际，满足客观需要，且应该遵循近期和远期相结合、技术先进性和经济合理性相统一的原则。

（1）收集三家以上布线产品资料，填写表 3 - 6。

表 3 - 6　综合布线产品信息表

品牌	厂商	厂家所在地	产品线	成功案例
……				

说明：1. 每个品牌的成功案例至少要 3 个；

　　　2. 此表只是一个范例，希望你与你的团队设计出更合理的表格样式。

（2）小组讨论，对初选产品进行评议，确定布线产品，并做出简要的产品选型分析报告。产品选型分析报告建议包含以下内容：

①厂商介绍；

②产品特点、价格情况；

③技术性能、质量保障体系、售后服务；

④成功案例简要说明；

⑤产品选择理由。

二、工作区子系统、水平子系统、管理间子系统、垂直子系统布线设计

（一）工作区子系统设计

1. 工作区编号

表3－7　X _____楼工作区编号与信息点用途

工作区编号	位置（房号）	面积	用途
……			

说明：X 表示第几号楼宇。企业有几幢建筑物，此处应有相应几张表格。

2. 信息点数量统计

表 3 - 8   X _____楼网络和语音点数统计表

楼层	工作区 1		工作区 2		……		数据点合计	语音点合计	信息点合计
	数据	语音	数据	语音					
一层									
二层									
……									
合计									

说明：X 表示第几号楼宇。企业有几幢建筑物，此处应有相应几张表格。

3. 确定工作区子系统设计方案

制定工作区子系统设计方案，建议包含以下内容：

①工作区子系统设计原则；

②信息点安装位置说明；

③工作区子系统布线方法。

（二）水平子系统设计

制定水平子系统设计方案，建议包含以下内容：

①水平子系统设计原则；

②管道缆线类型与布放长度；

③管槽截面积；

④布线弯曲半径要求；

⑤以图来表示水平子系统布线路由；

⑥管槽敷设方式。

（三）管理间子系统设计

制定管理间子系统设计方案，建议包含以下内容：

①管理间子系统连接器件（110 系列配线架、RJ45 模块化配线架、BIX 交叉连接器、光纤连接器件）简介；

②如果有光纤引入，还应进行光缆布线管理间子系统设计；

③标识管理方案。

（四）垂直子系统设计

制定垂直子系统设计方案，建议包含以下几个内容：

①干线线缆类型及线对；

②垂直子系统路径的选择；

③线缆容量配置；

④线缆接合与敷设方式；

⑤线缆的交接与端接方式。

三、设备间子系统设计与施工

设备间是一个公用设备存放的场所，也是设备日常管理的地方，有服务器、交换机、路由器、稳压电源等设备。设备间子系统是综合布线的精髓，设备间的需求分析围绕整个楼宇的信息点数量、设备的数量、规模、网络构成等进行。

（一）设备间位置的确定

查阅相关的资料，说明设备间位置确定的规范，建议考虑如下因素：干线电缆的进出、合适的楼层、干扰源、接地的方便。

（二）设备间工程范围

一个合格的设备间，应该是一个安全可靠、舒适实用、节能环保和具有可扩充性的机房。通过与企业技术负责人和项目人进行充分的沟通，确定设备间工程范围，填报表 3 - 9。

表3-9 设备间工程范围

工程范围	实施项目（是/否）	工程范围	实施项目（是/否）
建筑部分	抗静电全钢活动地板敷设 □	电气工程部分	机房动力配电系统 □
	隔断墙安装 □		机房UPS电源配电系统 □
	墙面装饰 □		机房照明及应急照明系统 □
	各类门安装 □		机房直流地极、直流地网及静电泄漏地网 □
空调新风系统	空调机安装 □	消防报警及自动灭火系统	智能型火灾报警系统，设置烟感、温感探测器 □
	排风系统制作安装 □	防雷系统	防雷系统安装 □

（三）设备间线缆的敷设方式

一般来说，设备间线缆的敷设方式有：活动地板方式、预埋管道方式、墙壁内沟槽方式、机架走线方式。请比较最常用的两种敷设方式——活动地板方式和机架走线方式，并根据现场的情况及企业的需求，恰当选择企业设备间线缆的敷设方式，并分析优缺点。

表3-10 设备间常用线缆敷设方式比较

敷设方式	优点	缺点
活动地板方式		
机架走线方式		

（四）设备间装修

如果企业把某一设备间也作为企业信息中心机房用，那么应考虑机房的精装修工程设计。

1. 防静电地板铺设

为了防止静电带来的危害，更好地保护机房设备，更好地利用布线空间，应在机房等关键的房间内安装高架防静电地板。

查阅相关资料，选择合适的防静电地板，填报表3-11。

表 3 – 11　架空地板选型与实施要求

品牌		厂商		型号	
规格		均布荷载		系统电阻	
地面处理方式					
线缆保护方式					

查阅相关资料，结合在实训室的工作任务，写出防静电地板铺设施工要求（该报告以附件形式上交），建议在施工要求中包含以下几个要素：

①地面清洁；

②线缆管槽路径标识线确定；

③支架安装；

④敷设线槽线缆；

⑤接地保护。

2. 玻璃隔断墙的安装

表 3 – 12　钢化玻璃隔断墙

品牌		厚度		是否夹层	
规格		支撑骨架材料			
安装方式					
门的材料与安装方式					

3. 门窗、墙面工程

表 3 - 13　门窗、墙面工程情况

墙面材料		墙面基础处理	
防火门厂商		防火门规格	
窗户型材与 安装方式			

4. 根据机房实际环境情境及设备情况，绘制机房布置平面图

在该图中应清楚地标明设备区、办公区与玻璃隔墙的位置，设备区内机柜的数量与摆放位置，空调的位置，门窗的尺寸与位置、办公区办公桌的摆放位置等，图 3 - 1 为一典型的信息中心机房平面设计图，仅供参考。

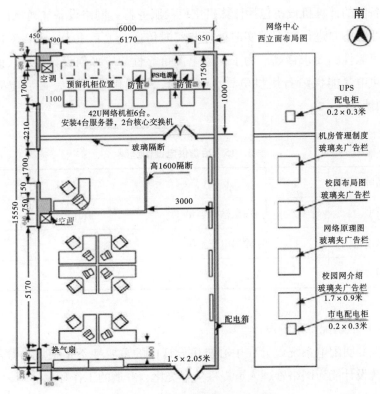

图 3 - 1　某企业信息中心布局图

5. 会同装饰公司人员，列出装修工程材料清单，一并与建设方项目负责人进行沟通

表 3-14　机房精装修材料清单

材料名称	品牌	型号与规格	单位	数量
……				

（五）设备间电气设计

设备间的计算机设备包括计算机主机、服务器、网络设备、通讯设备等。由于这些设备要进行数据的实时处理与实时传递，关系重大，所以对电源的质量与可靠性的要求最高。为了保障电源可靠性，应如何设计系统，既能保证实时供电又能保障备用供电。小组讨论，提出解决方案，最后应完成表3-15的填报。

表 3-15　后备供电设备选型

品牌		厂商		型号	
类型		额定输出容量		备用时间	
输入电压范围		输出电压范围		尺寸	
管理方式					

（六）照明配电系统设计

虽然照明配电系统设计在中心机房设计中的重要性不是很大，但合理的照明系统设计能为网络管理人员提供一个美化、舒适的工作环境。

表 3-16 中心机房照明系统材料清单

项目	品牌	型号与规格	数量	参数
照明灯具				
疏散指示灯				
安全出口标志灯				
应急备用				
……				

（七）火灾报警及灭火设施

安全级别为 A、B 级的设备间内应设置火灾报警装置，小组讨论，提出设备间火灾报警及灭火方案，建议在该方案中应包含：

如何感测浓烟及室内温度的异常升高；

针对机房的电子设备，应使用什么类型的灭火装置。

（八）接地设计

设备间设备安装过程中必须考虑设备的接地。请查阅相关资料，提出设备接地要求，建议考虑以下几个方面：

直流工作地；

联合接地方式；

接地所使用的铜线电缆规格与接地距离的关系。

（九）防雷设计

通过合理、有效的手段将雷电流尽可能地引入大地，防止其进入被保护的电子设备。根据雷击的类型，说明防范措施。

表 3 – 17　防雷的基本措施

雷击类型	防护措施
直击雷	
感应雷	

GB5005—94 第六章第 6.3.4 条、第 6.4.5 条、第 6.4.7 条对计算机网络中心设备间电源系统的防雷设计有哪些要求？请描述电源系统的防雷措施，并画出防雷器安装示意图。

（十）列出设备间材料清单（精装修部分除外）

表 3 – 18　设备间材料清单

材料名称	品牌	型号与规格	单位	数量
……				

网络综合布线

四、建筑群子系统设计与施工

（一）进线间子系统设计

进线间主要作为室外电、光缆引入楼内的成端与分支及光缆的盘长空间。因光缆至大楼、至用户、至桌面的应用及容量日益增多，进线间也就显得尤为重要。

1. 确定进线间位置

（建议描述进线间的功能及确定原则）

2. 入口管孔确定

（建议描述入口管孔的作用、数量及方式）

3. 进线间环境要求

（建议描述防水、防火、与竖井的关系等）

（二）建筑群子系统的设计

1. 需求分析

在建筑群子系统设计时进行需求分析的内容应包括：工程的总体概况、工程各类信息点统计数据、各建筑物信息点分布情况、各建筑物平面设计图、现有系统的状况、设备间的位置等。了解以上情况后，具体分析从一个建筑物到另一个建筑物之间的布线距离、布线路径，逐步确认布线方式和布线材料。

说明：该需求分析简明报告以附件形式上交。

2. 建筑群子系统的详细设计

建筑群子系统的设计主要考虑布线路由选择、线缆选择、线缆布线方式等内容。

（1）考虑环境美化要求。

比较建筑群子系统线缆敷设常用方式，填报表 3-19。根据园区的实际地形与用户的要求，选择合理的线缆敷设方式。

表 3-19　建筑群布线比较

方法	优点	缺点
管道内		
直埋		
架空		
隧道		

（2）线缆路径的选择。

根据建筑物之间的地形或敷设条件，确定建筑群子系统线缆的布线路由，绘制建筑群主干布线路由图，要求能够在图中明确园区建筑物分布情况及建筑物的名称、线缆的走向、线缆的敷设方式。

（3）电缆引入要求。

请描述电缆引入建筑物的方式，防雷击与接地要求。

（4）布线线缆的选择。

建筑群子系统敷设的线缆类型及数量由综合布线连接应用系统的种类及规模来决定。请选择线缆并说明理由。

（三）制定建筑群子系统施工方案

1. 直埋电缆施工方案

（1）现场核查。

对直埋电缆的路由和位置进行核查、复测、定线和定位。如发现问题，应同建设方联系，确认是否变更或修改。请填报现场核查情况记录表。

该表格由团队自行设计，所包含的栏目有：项目名称、日期、团队名称、核查情况、是否变更与修改、设计单位签字、建设方签字。

（2）挖掘电缆沟槽和接头炕位。

请描述沟槽宽度与深度，沟槽底面处理，施工现场安全标志设置，接头炕位尺寸等。

（3）电缆敷设的施工方案。

该方案建议包含以下几个方面：

线缆现场检查情况

沟槽检查与清理

电缆布放时注意事项

电缆在弯曲路径时最小曲率半径要求

直埋电缆的接续操作要求

回填土要求

2. 光缆的施工

（1）光缆牵引布放操作规范与要求。

（2）光纤的熔接。

光在光纤中传输时会产生损耗，这种损耗主要由光纤自身的传输损耗和光纤接头处的熔接损耗组成。光缆一经选定，其光纤自身的传输损耗也基本确定，而光纤接头处的熔接损耗则与光纤本身及现场施工有关。降低光纤接头处的熔接损耗，可增大光纤中继放大传输距离，提高光纤链路的衰减裕量。

指导教师将会演示光纤的接续过程，请你注意观察，然后亲自动手完成该工作环节，并填报表 3－20。

表 3－20　光纤接续过程总结

步骤	操作规范	注意事项
开剥光缆		
分纤		
熔接机准备		
制作对接光纤端面		
放置光纤与熔接		
加热热缩管		
盘纤固定		
密封和挂起		

（3）光纤接续质量检查。

损耗的因素较多，大体可分为光纤本征因素和非本征因素两类。请根据你与你的小组成员在操作过程中产生的问题与成功经验，向其他小组介绍影响光纤接续质量的几个重要因素，可参考表 3 – 21 进行总结汇报。

表 3 – 21　影响光纤熔接损耗的因素

影响因素		解决办法
光纤本征因素		
接续技术因素	轴心错位	
	轴心倾斜	
	端面分离	
	端面质量	
	接续点附近光纤物理变形	
熔接环境与熔接机因素	工作环境清洁程度	
	熔接机中电极清洁程度	

五、拓展活动：完成 GB50311—2007 练习题"3.7 工业级布线系统"内容

学习活动二　制定企业网络综合布线施工管理方案

综合布线施工质量的好坏将直接影响整个网络系统的性能，因此在施工前期应制定合理的施工计划与方案，在施工过程中应加强项目的管理。

在全面熟悉综合布线设计方案的基础上，依据施工现场、人员配备、技术力量和技术装备等情况，以及设备材料供应情况，做出合理的施工管理方案。

一、施工前期准备

1. 项目小组的成立

在施工前期应进行人力资源的准备，进行人员职责分工。根据你所在的小组成员情况，设立综合布线项目组。

表 3 - 22　综合布线施工项目组成员与职责

岗位	姓名	工作职责
项目经理		
技术主管		
物料经理（模拟）		
施工经理（模拟）		
资料员		

2. 施工前环境检查

在安装工程之前，必须对建筑环境进行检查，具备条件才可开工。

表 3-23 X _____ 楼综合布线施工前环境检查情况

项目	是否符合要求	项目	是否符合要求
工作区面积		墙面要求	
地面要求		门的高度与宽度	
设备间接地体		配线间接地体	
预留暗管是否有安装		接线盒是否已安装	
竖井是否满足安装要求		楼板预留孔洞是否齐全	
天花板（如有）是否方便施工			

说明：X 表示第几号楼宇。企业有几幢建筑物，此处应有相应几张表格。

二、制订施工进度管理方案

对于一个可行性的施工管理方案而言，实施工作是影响施工进度的重要因素。如何提高工程施工的效率从而保证工程如期完成呢？这就需要制定一个相对完善的施工进度计划。它具体包括活动界定、活动排序、时间估计、进度安排、时间控制等内容。

1. 编制综合布线系统工程施工组织进度表

表 3-24 施工组织进度表

时 间	年 月														
项 目	1	3	5	7	9	11	13	15	17	19	21	23	25	27	29
1. 图纸会审															
2. 设备订购与 检验															
......															

说明：请用底纹在时间段内标识进度。

2. 编制周进度计划

表 3 – 25　X 施工周计划表

工程名称		编号	
建设单位			
施工单位			
上周施工完成情况			
本周施工计划			
	技术员	施工员	项目经理
近期有待解决的问题			

3. 编制施工技术交底文档

表 3 - 26　技术交底记录（样表，供参考）

工程名称		日期	
交底项目	金属桥架的安装	交底人	
施工班组	综合布线工程队		
内容摘要：1. 工艺标准及质量要求；2. 保证质量具体措施；3. 容易忽视的其他问题。			

　　关于 100×50 金属桥架的安装，一定要严格按照施工图施工，金属桥架均采用江苏华鹏的喷塑钢槽，吊装桥首先检查桥架的外观，不能掉漆，不能有毛刺；每隔 1.2 米用一根"L"型吊杆吊装，位置应严格按照甲方及设计单位确认后的尺寸施工，桥架要牢固、平整，充分考虑到敷设六类线缆的特殊要求。

　　线槽的转弯位必须有 45 度过渡段，如下图所示：

参加交底人员：

说明：应保留这些交底记录，工程竣工后一并移交给建设方。

三、撰写综合布线施工管理方案

整理相关的文档，小组成员讨论后，撰写企业综合布线施工方案。建议方案按以下章节进行编排。

---

1. 工程概况
2. 工程施工的要求
    2.1 设备安装的要求
    2.2 管槽系统安装要求
    2.3 机柜安装要求
    2.4 信息插座底座安装要求
3. 双绞线施工
    3.1 双绞线电缆牵引
    3.2 信息插座端接
    3.3 配线架端接
4. 光缆施工
    4.1 光缆传输通道施工
    4.2 光缆连接器组装
    4.3 光纤熔接
5. 综合布线子系统施工注意事项
6. 综合布线施工进度安排

四、拓展活动：完成 GB50311—2007 练习题"4 系统配置设计"内容

学习活动三　制定综合布线测试方案

综合布线系统的性能决定着智能建筑中信息传输的流畅性，而智能建筑根据其需要对布线系统又有不同的要求，因此，要按照不同的标准来判断布线系统是否符合要求，这就需要对布线系统进行全面的测试。测试的目的就是为使布线系统满足智能建筑的要求，在符合测试标准的前提下，保证智能

建筑中信息传输的流畅。在综合布线系统工程实施过程中，影响布线系统工程质量的因素有很多，因此，布线测试还要能找到影响信息畅通传输的各种因素以便迅速解决。

一、认知测试标准

测试标准是保证产品通用性、规范性的重要措施，也是各类综合布线系统工程质量评价的重要条件。

（一）认知 TSB67 测试标准

请查阅相关资料，完成该工作环节。

1. TSB67 标准的主要内容

（主要描述连接模型、测试何种类型的双绞线、如何定义现场测试仪的性能要求即可）

2. 画出永久链路测试模型

（二）认知 ANSI/TIA/EIA 568B 测试标准

（主要描述该标准适用范围、测试参数即可）

二、制定双绞线测试方案

（一）测试仪选择

测试仪的主要功能是满足现场工作的实际需要，其在价格、性能和应用等方面会有很大的差别。请完成表 3 – 27 至表 3 – 31 的填报，根据测试类型选择合适的测试仪。

表 3 – 27　验证、鉴定和认证测试仪功能对比

功能	验证	鉴定	认证
连通性与接线图测试			
故障诊断：端点的位置			
故障诊断：带宽失败处的位置			
判断：线缆性能对网络技术的支持			
判断：线缆性能对测试标准的支持			
测试报告			
永久链路测试			
支持光缆测试			
使用难易程度			
价格			

说明：请用"〇"表示不具备此项功能，用"●"表示具备此项功能。

（二）双绞线测试

1. 画出信道测试连接图

2. 选择测试参数

首先，你应该能够叙述这些测试参数是用来测试线缆什么指标的，请查阅相关资料，本部分不对该内容进行详细叙述。对每个信息点测试后，填报该表。

表 3-28　双绞线测试报告

电缆识别名称			企业名称		
测试结果：通过	是□ 否□		余量（dB）		
测试地点			测试日期		
操作人员			测试参考标准		
标准版本			电缆类型		
软件版本			测试仪器名称		
额定传输速率			阻抗异常临界值		
屏蔽测试	是□ 否□				
RJ-45 PIN					
起点	信息面板号		终点	配线架号	
测试连接图					

表 3－29　双绞线参数测试数据记录（1）

线对	长度 （m）	传输延迟 （ns）	延迟偏移 （ns）	电阻值 （Ω）	特性阻抗 （Ω）	衰减结果 （dB）

表 3－30　双绞线参数测试数据记录（2）

	主机测试结果						远程结果					
	最差余值			最差值			最差余值			最差值		
	结果 （dB）	频率 （MHz）	极限值 （dB）	结果 （dB）	频率 （MHz）	极限值 （dB）	结果 （dB）	频率 （MHz）	极限值 （dB）	结果 （dB）	频率 （MHz）	极限值 （dB）
回波损耗												
12												
36												
45												
78												
综合近端串扰												
12												
36												
45												
78												
综合衰减串扰比												
12												
36												
45												
78												

（续上表）

	主机测试结果						远程结果					
	最差余值			最差值			最差余值			最差值		
	结果(dB)	频率(MHz)	极限值(dB)	结果(dB)	频率(MHz)	极限值(dB)	结果(dB)	频率(MHz)	极限值(dB)	结果(dB)	频率(MHz)	极限值(dB)
近端串扰												
12－36												
12－45												
12－78												
36－45												
36－78												
45－78												
衰减串扰比												
12－36												
12－45												
12－78												
36－45												
36－78												
45－78												

表 3－31　双绞线参数测试数据记录（3）

	主机测试结果						远程结果					
	最差余值			最差值			最差余值			最差值		
	结果(dB)	频率(MHz)	极限值(dB)	结果(dB)	频率(MHz)	极限值(dB)	结果(dB)	频率(MHz)	极限值(dB)	结果(dB)	频率(MHz)	极限值(dB)
等效远端串扰												
12－36												
12－45												
12－78												
36－12												

（续上表）

	主机测试结果						远程结果					
	最差余值			最差值			最差余值			最差值		
	结果	频率	极限值	结果	频率	极限值	结果	频率	极限值	结果	频率	极限值
	（dB）	（MHz）	（dB）	（dB）	（MHz）	（dB）	（dB）	（MHz）	（dB）	（dB）	（MHz）	（dB）
等效远端串扰												
36－45												
36－78												
45－12												
45－36												
45－78												
78－12												
78－36												
78－45												
综合等效远端串扰												
12												
36												
45												
78												

［测试结果分析］：

三、制定光缆测试方案

光纤本身的种类很多，但光纤及其系统的基本测试参数大致是相同的。在光纤链路现场认证测试中，主要是对光纤的光学特性和传输特性进行测试。

请制定光缆的测试方案，建议包含以下内容：

（1）测试仪器的选择；

（2）测试参数及测试方法。

完成表 3－32 的填报。

表 3 – 32　光纤链路测试报告

光缆识别名		企业名称	
测试最终结果：通过	是□否□	余量（dB）	
测试地点		测试时间	
操作人员		测试参考标准	
标准版本		光缆类型	
软件版本		测试仪器名称	
起点		终点	
测试波长（nm）		插入损耗	
测试方向		极限值	

［测试结果分析］：

四、拓展活动：完成 GB50311—2007 练习题"5 系统指标"内容

学习活动四　综合布线系统工程的验收

综合布线验收是保障工作质量、保护用户利益的重要环节。验收是用户对工程施工工作的认可，检查工程施工是否符合有关施工规范。用户确认工程是否达到原来的设计目标，质量是否符合要求，有没有不符合原设计有关施工规范的地方。

一、验收前的准备

1. 验收范围与项目的确定

对综合布线系统工程验收，应从以下几个方面进行：环境检查、器材检验、设备安装检验、保护方式检验、缆线的敷设、保护措施、缆线终接、工程电气测试、文档验收等。

2. 验收人员组成

验收小组一般包括工程双方单位的项目负责人、工程项目技术负责人、设计与施工单位的相关项目负责人与技术监管、第三方验收机构人员。

3. 确定工程验收的原则

请查阅有关工程验收的资料，描述验收的原则，建议从以下几个方面考虑：

①设计文件；

②合同书；

③相关标准；

④双方的特殊约定。

二、制定验收方案

综合布线系统工程的验收小组对已竣工的工程进行验收时，可对综合布线的各个子系统进行验收。

1. 工作区子系统验收项目与内容

依据《GB50312—2007综合布线工程验收规范》与招标书，制定工作区子系统验收记录表，如表3-33。

表 3 – 33　工作区子系统验收记录表（仅供参考）

编号：

单位（子单位）工程名称			子分部工程	综合布线系统
分项工程名称		系统安装质量检测	验收部位	
施工单位			项目经理	
施工执行标准名称及编号				
分包单位			分包项目经理	
验收项目（一般项目）			验收记录	改进意见
1	线槽走向是否美观			
2	布线是否符合规范			
3	信息插座的安装是否规范			
4	信息机板是否都固定牢靠			
5	……			
验收意见： 日期：				
验收人员： 				

2. 水平子系统验收项目与内容

请与你的团队成员认真阅读《GB50312—2007 综合布线工程验收规范》，自主设计验收记录表。

表 3 – 34　水平子系统验收记录表

3. 管理间子系统验收项目与内容

请与你的团队成员认真阅读《GB50312—2007 综合布线工程验收规范》，自主设计验收记录表。

表 3 - 35   管理间子系统验收记录表

4. 垂直子系统验收项目与内容

请与你的团队成员认真阅读《GB50312—2007 综合布线工程验收规范》，自主设计验收记录表。

表 3 - 36　垂直子系统验收记录表

5. 设备间子系统验收项目与内容

请与你的团队成员认真阅读《GB50312—2007 综合布线工程验收规范》，自主设计验收记录表。

表 3 - 37　设备间子系统验收记录表

6. 进线间与建筑群子系统验收项目与内容

请与你的团队成员认真阅读《GB50312—2007 综合布线工程验收规范》，自主设计验收记录表。

表 3-38　进线间与建筑群子系统验收记录表

网络综合布线

7. 移交文档

设计单位与施工单位将工程技术文档移交给建设方。

请收集相关的技术文档，编制文档目录。建议收集的文档包含：

（1）安装工程量；

（2）工程说明；

（3）设备、器材表；

（4）竣工图纸为施工中更改后的图纸；

（5）随工验收记录；

（6）工程变更、检查记录；

（7）技术交底记录；

（8）测试记录；

（9）工程计算；

（10）系统配置图；

（11）配线架与信息插座对照表；

（12）配线架与交换机接口对照表。

8. 制作工程验收汇总结果表

请自主设计验收汇总结果表，建议包含以下几个方面的内容：

（1）环境检查；

（2）设备安装检验；

（3）施工材料检查；

（4）缆线的敷设和保护方式检验；

（5）室内外缆线敷设检验；

（6）保护措施；

（7）缆线终接；

（8）工程电气测试；

（9）管理系统验收。

三、拓展活动：完成 GB50311—2007 练习题"6 安装工艺要求"、"7 电气防护及接地"内容

学习活动五　小型企业网络综合布线验收及评价

表 3 – 39　学生情感性自评表

班级		姓名		学号	
评价方式：学生自评（情感性评价）					

评价项目	评价标准	评价结果			
		A	B	C	D
小组学习表现（该项由组长填报）	A：在小组中担任明确的角色，积极提出建设性建议，倾听小组其他成员的意见，主动与小组成员合作完成学习任务 B：在小组中担任明确的角色，提出自己的建议，倾听小组其他成员的意见，与小组成员合作完成学习任务 C：在小组中担任的角色不明显，很少提出建议，倾听小组其他成员的意见，被动与小组成员合作完成学习任务 D：在小组中没有担任明确的角色，不提出任何建议，很少倾听小组其他成员的意见，不能与小组成员很好地合作完成学习任务				
主动学习	A：学习过程与学习目标高度统一，主动参与学习与工作，在规定的时间内出色完成本学习单元的各项任务 B：学习过程与学习目标相统一，主动参与学习，在规定的时间内完成本学习单元绝大部分任务 C：学习过程与学习目标基本一致，在他人的帮助下完成所规定的学习与工作任务 D：参与了学习过程，必须有教师或组长的催促才能进行学习，在规定的时间内只完成本学习单元的部分任务				

（续上表）

评价项目	评价标准	评价结果			
		A	B	C	D
心理承受力（该项由组长填报）	A：自觉对小组和项目负责，有完成重大任务的心理准备 B：责任心更加经常化、自觉化 C：能够在组长的提醒下完成任务和自我评估成果 D：能够在教师监督下完成任务和自我评估成果				
小组讨论与汇报	A：能够代表小组用标准普通话以符合专业技术标准的方式汇报、阐述小组学习与工作计划和方案，并在演讲的过程中恰当地配合肢体语言，表达流畅、富有感染力 B：能够代表小组用普通话以符合专业技术标准的方式汇报、阐述小组学习与工作计划和方案，表达清晰、逻辑清楚 C：能够汇报小组学习与工作计划和方案，表达不够简练，普通话不够准确 D：不能代表小组汇报与表达，语言不清，层次不明				
获取与处理信息	A：能够独立地从多种信息渠道收集对完成学习与工作任务有用的信息，并将信息分类整理后供他们分享 B：能够利用学院图书信息源获得对完成学习与工作任务有用的信息 C：能够从教材和教师处获得对完成学习与工作任务有用的信息 D：必须由教师指定教材与特定的范围才能获得信息				

表 3－40　成果性评价

评价方式：小组互评、教师评价					
评价项目	评价标准	评价结果			
		A	B	C	D
园区布线用户需求报告（权重10%）	A：能够准确反映用户对园区布线的需求，设计等级、用户信息业务种类等信息分析完整正确，需求报告得到另一学习小组的确认与签字 B：能够反映出用户对园区布线的需求，设计等级、用户信息业务种类等信息分析基本正确，需求报告得到另一学习小组的确认与签字 C：基本反映出用户对园区布线的需求，设计等级、用户信息业务种类等信息分析不完整，需求报告得到另一学习小组的确认与签字，但有其他小组提出质疑 D：无法在规定的时间完成需求报告，经提醒催促后能够上交，对用户的需求分析出现3处以上的错误				
设备间子系统设计方案（权重20%）	A：设备间布局合理，所绘制的平面布局图规范清晰，设备间预埋管槽、设备间配电、设备间防雷接地、防静电措施设计合理，材料规格和数量统计准确，设计方案能够得到教师与其他小组的认可 B：设备间布局合理，所绘制的平面布局图规范清晰，设备间预埋管槽、设备间配电、设备间防雷接地、防静电措施设计基本合理，材料规格和数量统计准确，设计方案能够得到教师与其他小组的认可 C：设备间布局基本合理，所绘制的平面布局图基本符合规范，设备间预埋管槽、设备间配电、设备间防雷接地、防静电措施设计出现2处以上错误，设计方案经修改后能够得到教师与其他小组的认可 D：无法在规定的时间完成设计，经提醒催促后延迟上交，设计出现多处错误				

（续上表）

评价项目	评价标准	评价结果			
		A	B	C	D
建筑群子系统设计（权重20%）	A：准确确定线缆配置、入口管孔数量，能够根据建筑群的分布选择楼宇间布线最佳路由，所需电缆的类型与规格满足要求，干线电缆、光缆交接设计正确，材料规格和数量统计准确 B：准确确定线缆配置、入口管孔数量，能够根据建筑群的分布选择楼宇间布线路由，但选择的路由不是最佳方案，选择所需电缆的类型与规格满足要求，干线电缆、光缆交接设计基本正确，材料规格和数量统计出现2处以上错误 C：线缆配置、入口管孔数量选择基本正确，能够根据建筑群的分布选择楼宇间布线路由，但选择的路由不是最佳方案，选择所需电缆的类型与规格基本满足要求，干线电缆、光缆交接设计基本正确，材料规格和数量统计出现4处以上错误 D：无法在规定的时间完成设计，经提醒催促后延迟上交，设计出现多处错误				
中心机房设计（权重20%）	A：能根据中心机房的实际场所进行精装修工程设计，满足用户对机房精装修的要求，所绘制平面布局图规范清晰，电气设计、接地及防雷系统设计合理，设备清单与预算准确 B：能根据中心机房的实际场所进行精装修工程设计，但在设计中出现2处以上纰漏，所绘制平面布局图规范清晰，电气设计、接地及防雷系统设计基本合理，设备清单与预算准确 C：能根据中心机房的实际场所进行精装修工程设计，但在设计中出现多处纰漏，所绘制平面布局图基本符合规范，电气设计、接地及防雷系统设计出现2处以上错误，设备清单与预算准确 D：无法在规定的时间完成设计，经提醒催促后延迟上交，设计出现多处错误				

评价项目	评价标准	评价结果			
		A	B	C	D
线缆测试方案（权重10%）	A：能够依据相关的测试标准，制定合理的测试方案，测试仪器选择正确，测试方法合理，能够对测试结果进行分析 B：能够依据相关的测试标准，制定合理的测试方案，测试仪器选择正确，测试方法合理，但未能对测试结果进行分析 C：能够依据相关的测试标准，制定基本合理的测试方案，测试仪器选择正确，测试内容不完整，未能对测试结果进行分析 D：无法在规定的时间完成需求报告，经提醒催促后能够上交				
工程验收方案（权重20%）	A：能够依据相关的验收标准，制定合理的验收方案，验收内容详尽，制作相关的验收表格，能够对验收结果进行分析 B：能够依据相关的验收标准，制定合理的验收方案，验收内容有2处以上的缺漏，所制作相关的验收表格不完整，能够对验收结果进行分析 C：能够依据相关的验收标准，制定基本合理的验收方案，验收内容有4处以上的缺漏，所制作相关的验收表格不完整，基本能够对验收结果进行分析 D：无法在规定的时间完成设计，经提醒催促后延迟上交，方案出现多处错误				

网络综合布线

表 3 - 41　个人自我评价表

姓名		学号		组别		班级	
学习任务				填表日期			
评价内容			自我评价				
学习任务完成（个人在本学习任务中承担的具体工作和个人完成的工作成果的详细说明。需提供具体的工作成果，并另提供介绍工作成果的 PPT 演示文稿）							
知识与技能收获（在学习与工作环境中有效地参考了哪些资料，描述专业知识和技能提升情况以及今后的努力目标）							
工作过程控制情况（对照事先拟定的计划，描述承担具体工作的实际进程，如果时间进度控制有落差，请说明是如何调整的，并说明造成时间进度控制有落差的原因）							
团队协作情况（个人在本学习任务中担任的角色，个人在团队中互相帮扶情况，个人对工作进程的积极作用，当在工作中与小组其他成员出现工作交叉时是如何协调的，个人对学习与工作的组织与协调的改进意见等）							
其他（值得突出说明的成果、收获和建议）							

学习情境三　小型企业网布线与施工

第三部分 总结与反思

请各学习小组在下表中总结在本学习情境完成过程中所遇到的问题以及解决的方法。

遇到的问题	解决的方法

网络综合布线

附 件

GB50311—2007 综合布线系统
工程设计规范

中华人民共和国国家标准

综合布线系统工程设计规范

Code for engineering design of generic cabling system for building and campus

GB50311—2007

中华人民共和国建设部

公告第 619 号

建设部关于发布国家标准《综合布线系统工程设计规范》的公告

现批准《综合布线系统工程设计规范》为国家标准，编号为 GB50311—2007，自 2007 年 10 月 1 日起实施。其中，第 7.0.9 条为强制性条文，必须严格执行。原《建筑与建筑群综合布线系统工程设计规范》GB/T 50311—2000 同时废止。

本规范由建设部标准定额研究所组织中国计划出版社出版发行。

中华人民共和国建设部

二〇〇七年四月六日

前　言

　　本规范是根据建设部建标 C20043 67 号文件《关于印发"二〇〇四年工程建设国家标准制订、修订计划"的通知》要求，对原《建筑与建筑群综合布线系统工程设计规范》GB/T 50311—2000 工程建设国家标准进行了修订，由信息产业部作为主编部门，中国移动通信集团设计院有限公司会同其他参编单位组成规范编写组共同编写完成的。本规范在修订过程中，编制组进行了广泛的市场调查并展开了多项专题研究，认真总结了原规范执行过程中的经验和教训，加以补充完善和修改，广泛吸取国内有关单位和专家的意见。同时，参考了国内外相关标准规定的内容。

　　本规范由建设部负责管理和对强制性条文的解释，信息产业部负责日常管理，中国移动通信集团设计院有限公司负责具体技术内容的解释。在应用过程中如有需要修改与补充的建议，请将有关资料寄送中国移动通信集团设计院有限公司（地址：北京市海淀区丹棱街 16 号，邮编：100080），以供修订时参考。

　　本规范主编单位、参编单位和主要起草人：

　　主编单位：中国移动通信集团设计院有限公司

　　参编单位：中国建筑标准设计研究院

　　中国建筑设计研究院

　　中国建筑东北设计研究院

　　现代集团华东建筑设计研究院有限公司

　　五洲工程设计研究院

　　主要起草人：张宜　张晓微　孙兰　李雪佩　张文才　陈琪　成彦　温伯银　赵济安　瞿二澜　朱立彤　刘侃　陈汉民

网络综合布线

目　次

附　件　GB50311—2007综合布线系统工程设计规范

1 总则

1.0.1 为了配合现代化城镇信息通信网向数字化方向发展，＿＿＿＿＿＿＿及＿＿＿＿＿＿＿＿，特制定本规范。

1.0.2 本规范适用于＿＿＿＿＿＿与＿＿＿＿综合布线系统工程设计。

1.0.3 综合布线系统设施及管线的建设，应纳入建筑与建筑群相应的规划设计之中。工程设计时，应根据工程项目的性质、功能、环境条件和近、远期用户需求进行设计，并应考虑施工和维护方便，确保综合布线系统工程的＿＿＿＿＿，做到技术＿＿＿＿、经济＿＿＿。

1.0.4 综合布线系统应与＿＿＿＿＿、＿＿＿＿、＿＿＿＿、建筑设备管理系统等统筹规划，相互协调，并按照各系统信息的传输要求优化设计。

1.0.5 综合布线系统作为建筑物的公用通信配套设施，在工程设计中应满足为多家电信业务经营者提供业务的需求。

1.0.6 综合布线系统的设备应选用经过国家认可的产品质量检验机构鉴定合格的、符合国家有关技术标准的定型产品。

1.0.7 综合布线系统的工程设计，除应符合本规范外，还应符合＿＿＿＿＿的规定。

2 术语和符号

2.1 术语

2.1.1 布线 cabling 能够支持信息电子设备相连的各种缆线、＿＿＿＿、接插软线和＿＿＿＿组成的系统。

2.1.2 建筑群子系统 campus subsystem 由＿＿＿＿、建筑物之间的干线电缆或光缆、设备缆线、跳线等组成的系统。

2.1.3 电信间 telecommunications room 放置＿＿＿＿并进行缆线交接的专用空间。

2.1.4 工作区 work area 需要设置＿＿＿＿的独立区域。

2.1.5 信道 channel 连接两个应用设备的＿＿＿＿＿＿＿＿的传输通道。

信道包括_____、_____和_____、_____。

2.1.6 链路 link 一个 CP 链路或是一个_____。

2.1.7 永久链路 permanent link _____之间的传输线路。它不包括_____和_____，但可以包括一个 CP 链路。

2.1.8 集合点（CP）consolidation point _____与_____之间水平缆线路由中的连接点。

2.1.9 CP 链路 CP link _____与集合点（CP）之间，包括各端的连接器件在内的永久性的链路。

2.1.10 建筑群配线设备 campus distributor 终接_____主干缆线的配线设备。

2.1.11 建筑物配线设备 building distributor 为建筑物_____主干缆线终接的配线设备。

2.1.12 楼层配线设备 floor distributor 终接水平电缆_____和其他布线子系统缆线的配线设备。

2.1.13 建筑物入口设施 building entrance facility 提供符合相关规范机械与电气特性的连接器件，使得_____和_____引入建筑物内。

2.1.14 连接器件 connecting hardware 用于连接_____和_____的一个器件或一组器件。

2.1.15 光纤适配器 optical fibre connector 将_____或_____光纤连接器件进行连接的器件。

2.1.16 建筑群主干电缆、建筑群主干光缆 campus backbone cable 用于在建筑群内连接_____与建筑物配线架的电缆、光缆。

2.1.17 建筑物主干缆线 building backbone cable 连接建筑物_____至_____配线设备及_____楼层配线设备之间相连接的缆线。建筑物主干缆线可分为主干电缆和主干光缆。

2.1.18 水平缆线 horizontal cable 楼层_____到信息点之间的连接缆线。

2.1.19 永久水平缆线 fixed horizontal cable 楼层_____到_____的连接缆线，如果链路中不存在 CP 点，为直接连至信息点的连接缆线。

2.1.20 CP 缆线 cp cable 连接集合点（CP）至_____的缆线。

2.1.21 信息点（TO）telecommunications outlet 各类电缆或光缆终接的__
_____。

2.1.22 设备电缆、设备光缆 equipment cable 通信设备连接到配线设备的
电缆、光缆。

2.1.23 跳线 jumper 不带连接器件或带连接器件的_____与带连接器
件的_____，用于配线设备之间进行连接。

2.1.24 缆线（包括电缆、光缆）cable 在一个总的护套里，由一个或____
____同一类型的缆线线对组成，并可包括一个总的屏蔽物。

2.1.25 光缆 optical cable 由单芯或_____光纤构成的缆线。

2.1.26 电缆、光缆单元 cable unit 型号和类别相同的电缆线对或光纤的组
合。电缆线对可有屏蔽物。

2.1.27 线对 pair 一个平衡传输线路的两个导体，一般指一个_____。

2.1.28 平衡电缆 balanced cable 由一个或多个金属导体线对组成的_____
_____电缆。

2.1.29 屏蔽平衡电缆 screened balanced cable 带有总屏蔽和/或每线对均有
屏蔽物的平衡电缆。

2.1.30 非屏蔽平衡电缆 unscreened balanced cable 不带有任何屏蔽物的平
衡电缆。

2.1.31 接插软线 patch calld 一端或两端带有连接器件的软电缆或软光缆。

2.1.32 多用户信息插座 multi‒user telecommunications outlet 在某一地点，
若干信息插座模块的组合。

2.1.33 交接（交叉连接）cross‒connect 配线设备和_____之间采
用接插软线或跳线上的连接器件相连的一种连接方式。

2.1.34 互连 interconnect 不用接插_____，使用连接器件把一端的
电缆、光缆与另一端的电缆、光缆直接相连的一种连接方式。

2.2 符号与缩略词

英文缩写	英文名称	中文名称或解释
ACR	Attenuation to crosstalk ratio	衰减串音比
BD	Building distributor	建筑物配线设备
CD	Campus distributor	建筑群配线设备
CP	Consolidation point	集合点
dB	dB	电信传输单元：分贝
d. c.	Direct current	直流
EIA	Electronic Industries Association	美国电子工业协会
ELFEXT	Equal level far end crosstalk attenuation（loss）	等电平远端串音衰减
FD	Floor distributor	楼层配线设备
FEXT	Far end crosstalk attenuation（loss）	远端串音衰减（损耗）
IEC	International Electrotechnical Commission	国际电工技术委员会
IEEE	The Institute of Electrical and Electronics Engineers	美国电气及电子工程师学会
IL	Insertion Loss	插入损耗
IP	Internet Protocol	因特网协议
ISDN	Integrated services digital network	综合业务数字网

英文缩写	英文名称	中文名称或解释
ISO	International Organization for Standardization	国际标准化组织
LCL	Longitudinal to differential conversion Loss	纵向对差分转换损耗
OF	Optical fibre	光纤
PSNEXT	Power sum NEXT attenuation（loss）	近端串音功率和
PSACR	Power sum ACR	ACR 功率和
PSELFEXT	Power sum ELFEXT attenuation（loss）	ELFEXT 衰减功率和
RL	Return loss	回波损耗
SC	Subscriber connector（optical fibre connector）	用户连接器（光纤连接器）
SFF	Small form factor connector	小型连接器
TCL	Transverse conversion loss	横向转换损耗
TE	Terminal equipment	终端设备
TIA	Telecommunications Industry Association	美国电信工业协会
UL	Underwriters Laboratories	美国保险商实验所安全标准
Vr. m. s	Vroot. mean. square	电压有效值

3 系统设计

3.1 系统构成

3.1.1 综合布线系统应为_____网络拓扑结构，应能支持_____等信息的传递。

3.1.2 综合布线系统工程宜按下列七个部分进行设计：

1. 工作区：一个独立的需要设置终端设备（TE）的区域宜划分为一个工作区。工作区应由配线子系统的_____延伸到_____的连接缆线及适配器组成。

2. 配线子系统：配线子系统应由_____的信息插座模块、信息插座模块至_____的配线电缆和光缆、电信间的配线设备及设备缆线和跳线等组成。

3. 干线子系统：干线子系统应由_____至_____的干线电缆和光缆，安装在_____的建筑物配线设备（BD）及设备缆线和跳线组成。

4. 建筑群子系统：建筑群子系统应由连接多个_____之间的主干电缆和光缆、建筑群配线设备（CD）及设备缆线和跳线组成。

5. 设备间：设备间是在每幢建筑物的适当地点进行_____和_____的场地。对于综合布线系统工程设计，设备间主要安装_____。电话交换机、计算机主机设备及入口设施也可与配线设备安装在一起。

6. 进线间：进线间是_____和_____的入口部位，并可作为入口设施和建筑群配线设备的安装场地。

7. 管理：管理应对工作区、电信间、设备间、进线间的配线设备、缆线、信息插座模块等设施按一定的模式进行_____。

3.1.3 综合布线系统的构成应符合以下要求：

1. 综合布线系统基本构成应符合图1要求。

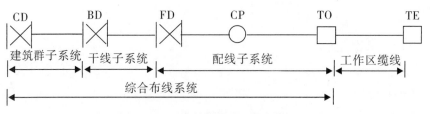

图1 综合布线系统基本构成

说明：配线子系统中可以设置集合点（CP点），也可不设置集合点。

2. 综合布线子系统构成应符合图2要求。

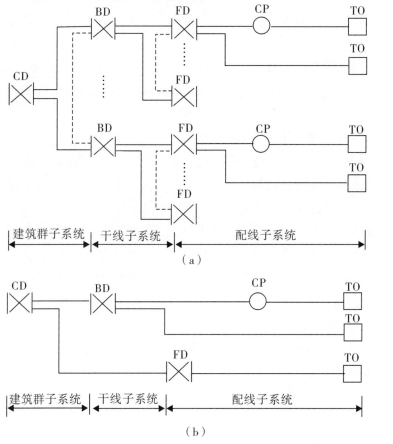

（a）

（b）

图2 综合布线子系统构成

注：1 图中的虚线表示 BD 与 BD 之间，FD 与 FD 之间可以设置主干缆线。

2 建筑物 FD 可以经过主干缆线直接连至 CD，TO 也可以经过水平缆线直接连至 BD。

3. 综合布线系统入口设施及引入缆线构成应符合图3的要求。

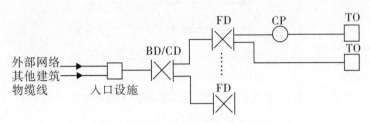

图3 综合布线系统引入部分构成

注：对设置了设备间的建筑物，设备间所在楼层的 FD 可以和设备中的 BD/CD 及入口设施安装在同一场地。

3.2 系统分级与组成

3.2.1 综合铜缆布线系统的分级与类别划分应符合表1的要求。

表1 铜缆布线系统的分级与类别

系统分级	支持带宽（Hz）	支持应用器件	
		电缆	连接硬件
A	100K		
B	1M		
C	16M	3 类	3 类
D	100M	5/5e 类	5/5e 类
E	250M	6 类	6 类
F	600M	7 类	7 类

注：3 类、5/5e 类（超 5 类）、6 类、7 类布线系统应能支持向下兼容的应用。

3.2.2 光纤信道分为_____、_____和_____三个等级，各等级光纤信道应支持的应用长度不应小于_____、_____及_____。

3.2.3 综合布线系统信道应由最长_____米的水平缆线、最长_____米的跳线和设备缆线及最多 4 个连接器件组成，永久链路则由 90m 水平缆线及 3 个连接器件组成。连接方式如图4所示。

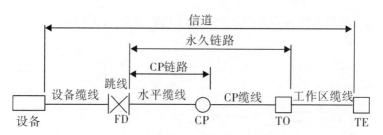

图 4 布线系统信道、永久链路、CP 链路构成

3.2.4 光纤信道构成方式应符合以下要求：

1. 水平光缆和主干光缆至楼层电信间的光纤配线设备应经_____连接构成（图5）。

2. 水平光缆和主干光缆在楼层电信间应经_____构成（图6）。

3. 水平光缆经过电信间直接连至大楼设备间光配线设备构成（图7）。

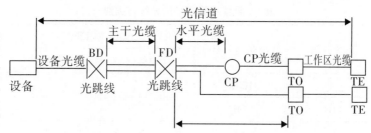

图 5 光纤信道构成（一）（光缆经电信间 FD 光跳线连接）

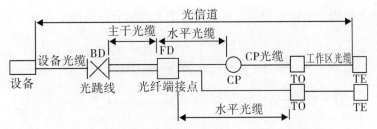

图 6　光纤信道构成（二）（光缆在电信间 FD 做端接）

说明：FD 只设光纤之间的连接点。

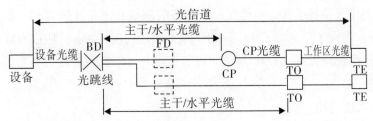

图 7　光纤信道构成（三）（光缆经过电信间 FD 直接连接至设备间 BD）

注：FD 安装于电信间，只作为光缆路径的场合。

3.2.5 当工作区用户终端设备或某区域网络设备需直接与公用数据网进行互通时，宜将光缆从工作区直接布放至电信入口设施的光配线设备。

3.3 缆线长度划分

3.3.1 综合布线系统水平缆线与建筑物主干缆线及建筑群主干缆线之和所构成信道的总长度不应大于＿＿＿＿＿＿＿m。

3.3.2 建筑物或建筑群配线设备之间（FD 与 BD、FD 与 CD、BD 与 BD、BD 与 CD 之间）组成的信道出现 4 个连接器件时，主干缆线的长度不应小于＿＿＿＿＿＿＿m。

3.3.3 配线子系统各缆线长度应符合图 8 的划分并应符合下列要求：

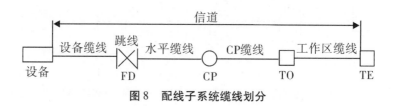

图 8　配线子系统缆线划分

1. 配线子系统信道的最大长度不应大于_____m。

2. 工作区设备缆线、电信间配线设备的跳线和设备缆线之和不应大于_____m，当大于_____m 时，水平缆线长度（90m）应适当减少。

3. 楼层配线设备（FD）跳线、设备缆线及工作区设备缆线各自的长度不应大于____m。

3.4 系统应用

3.4.1 同一布线信道及链路的缆线和连接器件应保持系统等级与阻抗的一致性。

3.4.2 综合布线系统工程的产品类别及链路、信道等级确定应综合考虑建筑物的功能、应用网络、业务终端类型、业务的需求及发展、性能价格、现场安装条件等因素，应符合表 2 的要求。

表 2　布线系统等级与类别的选用

业务种类	配线子系统		干线子系统		建筑群子系统	
	等级	类别	等级	类别	等级	类别
语音	D/E	5e/6	C	3（大对数）	C	3（室外大对数）
数据	D/E/F	5e/6/7	D/E/F	5e/6/7（4 对）		
	光纤（多模或单模）	62.5um 多模/50um 多模/<10um 单模	光纤	62.5um 多模/50um 多模/<10um 单模	光纤	62.5um 多模/50um 多模/<1um 单模
其他应用	可采用 5e/6 类 4 对对绞电缆和 62.5um 多模/50um 多模/<10um 多模、单模光缆					

说明：其他应用指数字监控摄像头、楼宇自控现场控制器（DDC）、门禁系统等采用网络端口传送数字信息时的应用。

网络综合布线

3.4.3 综合布线系统光纤信道应采用标称波长为_____nm 和_____nm 的多模光纤及标称波长为_____nm 和_____nm 的单模光纤。

3.4.4 单模和多模光缆的选用应符合网络的构成方式、业务的互通互连方式及光纤在网络中的应用传输距离。楼内宜采用_____光缆，建筑物之间宜采用_____光缆，需直接与电信业务经营者相连时宜采用_____ _____光缆。

3.4.5 为保证传输质量，配线设备连接的跳线宜选用_____的电、光各类跳线，在电话应用时宜选用双芯对绞电缆。

3.4.6 工作区信息点为电端口时，应采用_____通用插座（RJ45），光端口宜采用 SFF 小型光纤连接器件及适配器。

3.4.7 FD、BD、CD 配线设备应采用 8 位模块通用插座或卡接式配线模块（多对、25 对及回线型卡接模块）和_____及_____（单工或双工的 ST、SC 或 SFF 光纤连接器件及适配器）。

3.4.8 CP 集合点安装的连接器件应选用卡接式配线模块或 8 位模块通用插座或各类光纤_____和_____。

3.5 屏蔽布线系统

3.5.1 综合布线区域内存在的电磁干扰场强高于_____时，宜采用屏蔽布线系统进行防护。

3.5.2 用户对电磁兼容性有较高的要求（电磁干扰和防信息泄漏）时，或网络安全保密的需要，宜采用_____系统。

3.5.3 采用非屏蔽布线系统无法满足安装现场条件对缆线的间距要求时，宜采用_____。

3.5.4 屏蔽布线系统采用的电缆、连接器件、跳线、设备电缆都应是____ _____的，并应保持屏蔽层的连续性。

3.6 开放型办公室布线系统

3.6.1 对于办公楼、综合楼等商用建筑物或公共区域大开间的场地，由于其使用对象数量的不确定性和流动性等因素，宜按开放办公室综合布线系统要求进行设计，并应符合下列规定：

1. 采用多用户信息插座时，每一个多用户插座包括适当的备用量在内，宜能支持 12 个工作区所需的 8 位模块通用插座；各段缆线长度可按表 3 选用，也可按下式计算。

$$C = （102 - H）/1.2 \quad （3.6.1 - 1）$$

$$W = C - 5 \quad （3.6.1 - 2）$$

式中 $C = W + D$——工作区电缆、电信间跳线和设备电缆的长度之和；

D——电信间跳线和设备电缆的总长度；

W——工作区电缆的最大长度，且 $W \leqslant 22m$；

H——水平电缆的长度。

表3　各段缆线长度限值

电缆总长度 （m）	水平布线电缆 H （m）	工作区 电缆 W（m）	电信间跳线和 设备电缆 D（m）
100	90	5	5
99	85	9	5
98	80	13	5
97	25	17	5
97	70	22	5

2. 采用集合点时，集合点配线设备与 FD 之间水平线缆的长度应大于____m。集合点配线设备容量宜以满足____个工作区信息点需求设置。同一个水平电缆路由不允许超过一个集合点（CP）；从集合点引出的 CP 线缆应终接于____的信息插座或多用户信息插座上。

3.6.2 多用户信息插座和集合点的配线设备应安装于_____等建筑物固定的位置。

3.7 工业级布线系统

3.7.1 工业级布线系统应能支持_____等信息的传递，并能应用于高温、潮湿、电磁干扰、撞击、振动、腐蚀气体、灰尘等恶劣环境中。

3.7.2 工业级布线应用于工业环境中具有良好环境条件的_____、

_____和生产区之间的交界场所、生产区的信息点，工业级连接器件也可应用于室外环境中。

3.7.3 在工业设备较为集中的区域应设置_____。

3.7.4 工业级布线系统宜采用_____网络拓扑结构。

3.7.5 工业级配线设备应根据环境条件确定 IP 的_____。

4 系统配置设计

4.1 工作区

4.1.1 工作区适配器的选用宜符合下列规定：

1. 设备的连接插座应与连接电缆的插头匹配，不同的插座与插头之间应加装_____。

2. 在连接使用信号的数模转换，光、电转换，数据传输速率转换等相应的装置时，采用_____。

3. 对于网络规程的兼容，采用_____适配器。

4. 各种不同的终端设备或适配器均安装在工作区的适当位置，并应考虑现场的_____。

4.1.2 每个工作区的服务面积，应按不同的应用功能确定。

4.2 配线子系统

4.2.1 根据工程提出的近期和远期终端设备的设置要求，用户性质、网络构成及实际需要确定建筑物各层需要安装信息插座模块的数量及其位置，配线应留有_____。

4.2.2 配线子系统缆线应采用_____或屏蔽 4 对对绞电缆，在需要时也可采用室内_____或单模光缆。

4.2.3 电信间 FD 与电话交换配线及计算机网络设备之间的连接方式应符合以下要求：

1. 电话交换配线的连接方式应符合图 9 要求。

2. 计算机网络设备连接方式。

1）经跳线连接应符合图 10 要求。

2）经设备缆线连接方式应符合图 11 要求。

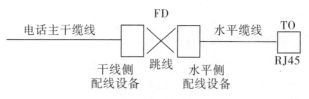

图 9 电话系统连接方式

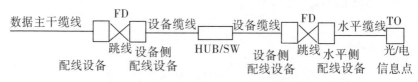

图 10 数据系统连接方式（经跳线连接）

图 11 数据系统连接方式（经设备缆线连接）

4.2.4 每一个工作区信息插座模块（电、光）数量不宜少于 _____ 个，并满足各种业务的需求。

4.2.5 底盒数量应以插座盒面板设置的开口数确定，每一个底盒支持安装的信息点数量不宜大于 _____ 个。

4.2.6 光纤信息插座模块安装的底盒大小应充分考虑到水平光缆（2 芯或 4 芯）终接处的 _____ 留空间和满足光缆对弯曲半径的要求。

4.2.7 工作区的信息插座模块应支持 _____ 接入，每一个 8 位模块通用插座应连接 t 根 4 对对绞电缆；对每一个双工或 2 个单工光纤连接器件及适配器连接 1 根 2 芯光缆。

4.2.8 从电信间至每一个工作区水平光缆宜按 _____ 芯光缆配置。光纤至工作区域满足用户群或大客户使用时，光纤芯数至少应有 _____ 芯备份，按 _____ 芯水平光缆配置。

4.2.9 连接至电信间的每一根水平电缆/光缆应终接于相应的配线模块，

配线模块与_____相适应。

4.2.10 电信间 FD 主干侧各类配线模块应按电话交换机、计算机网络的构成及主干电缆/光缆的_____要求及模块类型和规格的选用进行配置。

4.2.11 电信间 FD 采用的设备缆线和各类跳线宜按计算机网络设备的使用端口容量和电话交换机的实装容量、业务的实际需求或信息点总数的比例进行配置，比例范围为_____。

4.3 干线子系统

4.3.1 干线子系统所需要的电缆总对数和光纤总芯数，应满足工程的实际需求，并留有适当的备份容量。主干缆线宜设置_____与_____，并互相作为备份路由。

4.3.2 干线子系统主干缆线应选择较短的安全的路由。主干电缆宜采用_____终接，也可采用_____终接。

4.3.3 如果电话交换机和计算机主机设置在建筑物内不同的设备间，宜采用不同的主干缆线来分别满足_____和_____的需要。

4.3.4 在同一层若干电信间之间宜设置_____。

4.3.5 主干电缆和光缆所需的容量要求及配置应符合以下规定：

1. 对语音业务，大对数主干电缆的对数应按每一个电话 8 位模块通用插座配置 1 对线，并在总需求线对的基础上至少预留约_____%的备用线对。

2. 对于数据业务应以集线器（HUB）或交换机（SW）群（按 4 个 HUB 或 SW 组成 1 群）；或以每个 HUB 或 SW 设备设置 1 个主干端口配置。每 1 群网络设备或每 4 个网络设备宜考虑 1 个备份端口。主干端口为电端 ICl 时，应按_____对线容量，为光端口时则按____芯光纤容量配置。

3. 当工作区至电信间的水平光缆延伸至设备间的光配线设备（BD/CD）时，主干光缆的容量应包括_____的水平光缆光纤的容量在内。

4. 建筑物与建筑群配线设备处各类设备缆线和跳线的配备宜符合第 4.2.11 条的规定。

4.4 建筑群子系统

4.4.1 CD 宜安装在_____或_____，并可与入口设施或 BD 合用场地。

4.4.2 CD 配线设备内、外侧的容量应与建筑物内连接 BD 配线设备的建筑群主干缆线容量及建筑物外部引入的_____主干缆线容量相一致。

4.5 设备间

4.5.1 在设备间内安装的 BD 配线设备干线侧容量应与主干缆线的容量相一致。设备侧的容量应与_____容量相一致或与干线侧配线设备容量相同。

4.5.2 BD 配线设备与电话交换机及计算机网络设备的连接方式亦应符合第 4.2.3 条的规定。

4.6 进线间

4.6.1 建筑群主干电缆和光缆、公用网和专用网电缆、光缆及天线馈线等室外缆线进入建筑物时，应在_____间成端转换成室内电缆、光缆，并在缆线的终端处可由多家电信业务经营者设置入口设施，入口设施中的配线设备应按引入的电、光缆容量配置。

4.6.2 电信业务经营者在_____间设置安装的入口配线设备应与 BD 或 CD 之间敷设相应的连接电缆、光缆，实现路由互通。缆线类型与容量应与配线设备相一致。

4.6.3 在进线间缆线入口处的管孔数量应满足建筑物之间、外部接入业务及多家电信业务经营者缆线接入的需求，并应留有_____孔的余量。

4.7 管理

4.7.1 对设备间、电信间、进线间和工作区的配线设备、缆线、信息点等设施应按一定的模式进行标识和记录，并宜符合下列规定：

1. 综合布线系统工程宜采用计算机进行文档记录与保存，简单且规模较小的综合布线系统工程可按图纸资料等纸质文档进行管理，并做到_____、_____、_____；文档资料应实现汉化。

2. 综合布线的每一电缆、光缆、配线设备、端接点、接地装置、敷设管线等组成部分均应给定唯一的标识符，并设置标签。标识符应采用相同数量的___和___等标明。

3. 电缆和光缆的两端均应标明相同的标识符。

4. 设备间、电信间、进线间的配线设备宜采用___的色标区别各类业务与用途的配线区。

4.7.2 所有标签应保持_____、_____，并满足使用环境要求。

4.7.3 对于规模较大的布线系统工程，为提高布线工程维护水平与网络安全，宜采用_____对信息点或配线设备进行管理，以显示与记录配线设备的连接、使用及变更状况。

4.7.4 综合布线系统相关设施的工作状态信息应包括：设备和缆线的用途、使用部门、组成局域网的拓扑结构、传输信息速率、终端设备配置状况、占用器件编号、色标、链路与信道的功能和各项主要指标参数及完好状况、故障记录等，还应包括设备位置和缆线走向等内容。

5 系统指标

5.0.1 综合布线系统产品技术指标在工程的安装设计中应考虑_____（如缆线结构、直径、材料、承受拉力、弯曲半径等）。

5.0.2 相应等级的布线系统信道及永久链路、CP 链路的具体指标项目，应包括下列内容：

1. 3 类、5 类布线系统应考虑指标项目为_____。

2. 5e 类、6 类、7 类布线系统，应考虑指标项目为_____（IL）、近端串音、_____（ACR）、_____（ELFEXT）、_____和（PSNEXT）、_____和（PSACR）、_____和（PSELEFXT）、_____（RL）、时延、时延偏差等。

3. 屏蔽的布线系统还应考虑非平衡衰减、_____、耦合衰减及屏蔽衰减。

5.0.3 综合布线系统工程设计中，系统信道的各项指标值应符合以下要求：

1. 回波损耗（RL）只在布线系统中的 C、D、E、F 级采用，在布线的两端均应符合回波损耗值的要求，布线系统信道的最小回波损耗值应符合表 4 的规定。

表4 信道回波损耗值

频率（MHz）	最小回波损耗（dB）			
	C 级	D 级	E 级	F 级
1	15.0	17.0	19.0	19.0
16	15.0	17.0	18.0	18.0
100		10.0	12.0	12.0
250			8.0	8.0
600				8.0

2. 布线系统信道的插入损耗（IL）值应符合表5的规定。

表5 信道插入损耗值

频率（MHz）	最大插入损耗（dB）					
	A 级	B 级	C 级	D 级	E 级	F 级
0.1	16.0	5.5				
1		5.8	4.2	4.0	4.0	4.0
16			14.4	9.1	8.3	8.1

（续上表）

频率 （MHz）	最大插入损耗（dB）					
	A 级	B 级	C 级	D 级	E 级	F 级
100				24. 0	21. 7	20. 8
250					35. 9	33. 8
600						54. 6

3. 线对与线对之间的近端串音（NEXT）在布线的两端均应符合 NEXT 值的要求，布线系统信道的近端串音值应符合表 6 的规定。

表 6　信道近端串音值

频率 （MHz）	最小近端串音（dB）					
	A 级	B 级	C 级	D 级	E 级	F 级
0. 1	27. 0	40. 0				
1		25. 0	39. 1	60. 0	65. 0	65. 0
16			19. 4	43. 6	53. 2	65. 0
100				30. 1	39. 9	62. 9
250					33. 1	56. 9

（续上表）

频率 （MHz）	最小近端串音（dB）					
	A 级	B 级	C 级	D 级	E 级	F 级
600						51.2

4. 近端串音功率和（PSNEXT）只应用于布线系统的 D、E、F 级，在布线的两端均应符合 PSNEXT 值要求，布线系统信道的 PSNEXT 值应符合表 7 的规定。

表 7　信道近端串音功率和值

频率（MHz）	最小近端串音功率和（dB）		
	D 级	E 级	F 级
1	57.0	62.0	62.0
16	40.6	50.6	62.0
100	27.1	37.1	59.9
250		30.2	53.9
600			48.2

5. 线对与线对之间的衰减串音比（ACR）只应用于布线系统的 D、E、F 级，ACR 值是 NEXT 与插入损耗分贝值之间的差值，在布线的两端均应符合 ACR 值要求。布线系统信道的 ACR 值应符合表 8 的规定。

表8 信道衰减串音比值

频率（MHz）	最小衰减串音比（dB）		
	D 级	E 级	F 级
1	56.0	61.0	61.0
16	34.5	44.9	56.9
100	6.1	18.2	42.1
250		−2.8	23.1
600			−3.4

6. ACR 功率和（PSACR）为表 7 近端串音功率和值与表 5 插入损耗值之间的差值。布线系统信道的 PSACR 值应符合表 9 的规定。

表9 信道 ACR 功率和值

频率（MHz）	最小 ACR 功率和（dB）		
	D 级	E 级	F 级
1	53.0	58.0	58.0
16	31.5	42.3	53.9

（续上表）

频率（MHz）	最小 ACR 功率和（dB）		
	D 级	E 级	F 级
100	3.1	15.4	39.1
250		−5.8	20.1
600			−6.4

7. 线对与线对之间等电平远端串音（ELFEXT）对于布线系统信道的数值应符合表 10 的规定。

表 10　信道等电平远端串音值

频率（MHz）	最小等电平远端串音（dB）		
	D 级	E 级	F 级
1	57.4	63.3	65.0
16	33.3	39.2	57.5
100	17.4	23.3	44.4
250		15.3	37.8
600			31.3

8. 布线系统永久链路的最小 PSELFEXT 值应符合表 11 的规定。

表 11　永久链路的最小 PSELFEXT 值

频率（MHz）	最小 PSELFEXT 值（dB）		
	D 级	E 级	F 级
1	55.6	61.2	62.0
16	31.5	37.2	56.3
100	15.6	21.2	43.0
250		13.2	36.2
600			29.6

9. 布线系统信道的直流环路电阻（d.c.）应符合表 12 的规定。

表 12　信道直流环路电阻

最大直流环路电阻（Ω）					
A 级	B 级	C 级	D 级	E 级	F 级
560	170	40	25	25	25

10. 布线系统信道的传播时延应符合表 13 的规定。

附　件　GB50311—2007综合布线系统工程设计规范

表 13　信道传播时延

频率 （MHz）	最大传播时延（us）					
	A 级	B 级	C 级	D 级	E 级	F 级
0.1	20.000	5.000				
1		5.000	0.580	0.580	0.580	0.580
16			0.553	0.553	0.553	0.553
100				0.548	0.548	0.548
250					0.546	0.546
600						0.545

11. 布线系统信道的传播时延偏差应符合表 14 的规定。

表 14　信道传播时延偏差

等级	频率（MHz）	最大时延偏差（us）
A	f = 0.1	
B	0.1≤f≤1	
C	1≤f≤16	0.050①

（续上表）

等级	频率（MHz）	最大时延偏差（us）
D	1≤f≤100	0.050①
E	14≤f≤250	0.050①
F	14≤f<600	0.030②

说明：①0.050 为 0.045 + 4×0.00125 计算结果。②0.030 为 0.025 + 4×0.00125 计算结果。

12. 一个信道的非平衡衰减［纵向对差分转换损耗（LCL）或横向转换损耗（TCL）］应符合表 15 的规定。在布线的两端均应符合不平衡衰减的要求。

表 15　信道非平衡衰减

等级	频率（MHz）	最大不平衡衰减（dB）
A	｛−0.1	30
B	f−0.1 和 1	在 0.1 MHz 时为 45；1 MHz 时为 20
C	1≤，<16	30～5 lg（f）f.f.S.
D	1≤f≤l00	40～10 lg（f）f.f.S.
E	1≤f≤250	40～10 lg（f）f.f.S.
F	1≤f≤600	40～10 lg（f）f.f.S.

5.0.4 对于信道的电缆导体的指标要求应符合以下规定：

1. 在信道每一线对中两个导体之间的不平衡直流电阻对各等级布线系统

不应超过_____%。

2. 在各种温度条件下，布线系统 D、E、F 级信道线对每一导体最小的传送直流电流应为_____A。

3. 在各种温度条件下，布线系统 D、E、F 级信道的任何导体之间应支持_____V 直流工作电压，每一线对的输入功率应为_____W。

5.0.5 综合布线系统工程设计中，永久链路的各项指标参数值应符合表16—表26 的规定。

1. 布线系统永久链路的最小回波损耗值应符合表16 的规定。

表16　永久链路最小回波损耗值

频率 （MHz）	最小回波损耗（dB）			
	C 级	D 级	E 级	F 级
1	15.0	19.0	21.0	21.0
16	15.0	19.0	20.0	20.0
100		12.0	14.0	14.0
250			10.0	10.0
600				10.0

2. 布线系统永久链路的最大插入损耗值应符合表17 的规定。

网络综合布线

表 17　永久链路最大插入损耗值

频率 （MHz）	最大插入损耗（dB）					
	A 级	B 级	C 级	D 级	E 级	F 级
0.1	16.0	5.5				
1		5.8	4.0	4.0	4.0	4.0
16			12.2	7.7	7.1	6.9
100				20.4	18.5	17.7
250					30.7	28.8
600						46.6

3. 布线系统永久链路的最小近端串音值应符合表 18 的规定。

表 18　永久链路最小近端串音值

频率 （MHz）	最小 NEXT（dB）					
	A 级	B 级	C 级	D 级	E 级	F 级
0.1	27.0	40.0				
1		25.0	40.1	60.0	65.0	65.0

（续上表）

频率 (MHz)	最小 NEXT（dB）					
	A 级	B 级	C 级	D 级	E 级	F 级
16			21.1	45.2	54.6	65.0
100				32.3	41.8	65.0
250					35.3	60.4
600						54.7

4. 布线系统永久链路的最小近端串音功率和值应符合表 19 的规定。

表 19　永久链路最小近端串音功率和值

频率 (MHz)	最小近端串音功率和（dB）		
	D 级	E 级	F 级
1	57.0	62.0	62.0
16	42.2	52.2	62.0
100	29.3	39.3	62.0
250		32.7	57.4
600			51.7

5. 布线系统永久链路的最小 ACR 值应符合表 20 的规定。

表 20　永久链路最小 ACR 值

频率 （MHz）	最小 ACR （dB）		
	D 级	E 级	F 级
1	56. 0	61. 0	61. 0
16	37. 5	47. 5	58. 1
100	11. 9	23. 3	47. 3
250		4. 7	31. 6
600			8. 1

6. 布线系统永久链路的最小 PSACR 值应符合表 21 的规定。

表 21　永久链路最小 PSACR 值

频率 （MHz）	最小 PSACR （dB）		
	D 级	E 级	F 级
1	53. 0	58. 0	58. 0
16	34. 5	45. 1	55. 1

（续上表）

频率 （MHz）	最小 PSACR（dB）		
	D 级	E 级	F 级
100	8.9	20.8	44.3
250		2.0	28.6
600			5.1

7. 布线系统永久链路的最小等电平远端串音值应符合表 22 的规定。

表 22　永久链路最小等电平远端串音值

频率 （MHz）	最小等电平远端串音（dB）		
	D 级	E 级	F 级
1	58.6	64.2	65.0
16	34.5	40.1	59.3
100	18.6	24.2	46.0
250		16.2	39.2
600			32.6

8. 布线系统永久链路的最小 PSELFEXT 值应符合表 23 规定。

表 23　永久链路最小 PSELFEXT 值

频率（MHz）	最小 PSELFEXT（dB）		
	D 级	E 级	F 级
1	55.6	61.2	62.0
16	31.5	37.1	56.3
100	15.6	21.2	43.0
250		13.2	36.2
600			29.6

9. 布线系统永久链路的最大直流环路电阻应符合表 24 的规定。

表 24　永久链路最大直流环路电阻（Ω）

A 级	B 级	C 级	D 级	E 级	F 级
1530	140	34	21	21	21

10. 布线系统永久链路的最大传播时延应符合表 25 的规定。

表 25　永久链路最大传播时延值

频率 （MHz）	最大传播时延（us）					
	A 级	B 级	C 级	D 级	E 级	F 级
0.1	19.400	4.400				
1		4.400	0.521	0.521	0.521	0.521
16			0.496	0.496	0.496	0.496
100				0.491	0.491	0.491
250					0.490	0.490
600						0.489

11. 布线系统永久链路的最大传播时延偏差应符合表 26 的规定。

表 26　永久链路传播时延偏差

等级	频率（MHz）	最大时延偏差（us）
A	−0.1	
B	0.1≤f<1	
C	1≤f<16	0.044①

（续上表）

等级	频率（MHz）	最大时延偏差（us）
D	1≤f≤100	0.044①
E	1≤f≤250	0.044①
F	1≤f≤600	0.026②

说明：①0.044 为 0.9×0.045＋3×0.00125 计算结果；

②0.026 为 0.9×0.025＋3×0.00125 计算结果。

5.0.6 各等级的光纤信道衰减值应符合表 27 的规定。

表 27　信道衰减值（dB）

信道	多模（nm）		单模（nm）	
	850	1300	1310	1550
OF 300	2.55	1.95	1.80	1.80
0F－500	3.25	2.25	2.00	2.00
OF_ 2000	8.50	4.50	3.50	3.50

5.0.7 光缆标称的波长，每公里的最大衰减值应符合表 28 的规定。

表 28 光缆最大衰减值（dB/km）

项目	OM1，OM2 及 OM3 多模		OS1 单模	
波长	850nm	1300nm	1310nm	1550nm
衰减	3.5	1.5	1.0	1.0

5.0.8 多模光纤的最小模式带宽应符合表 29 的规定。

表 29 多模光纤模式带宽

光纤类型	光纤直径（um）	最小模式带宽（MHz·kin）		
		过量发射带宽		有效光发射带宽
		波长		
		850nm	1300nm	850nm
OM1	50 或 62.5	200	500	
OM2	50 或 62.5	500	500	
OM3	50	1500	500	2000

6 安装工艺要求

6.1 工作区

6.1.1 工作区信息插座的安装宜符合下列规定：

1. 安装在地面上的接线盒应_____和_____。

2. 安装在墙面或柱子上的信息插座底盒、多用户信息插座盒及集合点配线箱体的底部离地面的高度宜为_____mm。

6.1.2 工作区的电源应符合下列规定：

1. 每1个工作区至少应配置1个_____V交流电源插座。

2. 工作区的电源插座应选用带保护接地的_____插座，保护接地与零线应严格分开。

6.2 电信间

6.2.1 电信间的数量应按所服务的楼层范围及工作区面积来确定。如果该层信息点数量不大于400个，水平缆线长度在90m范围以内，宜设置_____个电信间；当超出这一范围时宜设_____或_____电信间；每层的信息点数量数较少，且水平缆线长度不大于_____m的情况下，宜几个楼层合设一个电信间。

6.2.2 电信间应与强电间_____设置，电信间内或其紧邻处应设置缆线竖井。

6.2.3 电信间的使用面积不应小于_____m²，也可根据工程中配线设备和网络设备的容量进行调整。

6.2.4 电信间的设备安装和电源要求，应符合本规范第6.3.8条和第6.3.9条的规定。

6.2.5 电信间应采用外开丙级防火门，门宽大于____m。电信间内温度应为_____℃，相对湿度宜为_____%。如果安装信息网络设备时，应符合相应的设计要求。

6.3 设备间

6.3.1 设备间位置应根据设备的数量、规模、网络构成等因素，综合考虑确定。

6.3.2 每幢建筑物内应至少设置_____个设备间，如果电话交换机与计算机网络设备分别安装在不同的场地或根据安全需要，也可设置_____个以上设备间，以满足不同业务的设备安装需要。

6.3.3 建筑物综合布线系统与外部配线网连接时，应遵循相应的接口标准要求。

6.3.4 设备间的设计应符合下列规定：

1. 设备间宜处于干线子系统的中间位置，并考虑主干缆线的传输距离与数量。

2. 设备间宜尽可能靠近建筑物线缆竖井位置，有利于_____缆线的引入。

3. 设备间的位置宜便于设备接地。

4. 设备间应尽量远离_____、_____、_____、_____等有干扰源存在的场地。

5. 设备间室温度应为_____，相对湿度应为_____%，并应有良好的通风。

6. 设备间内应有足够的设备安装空间，其使用面积不应小于_____，该面积不包括程控用户交换机、计算机网络设备等设施所需的面积在内。

7. 设备间梁下净高不应小于_____m，采用外开双扇门，门宽不应小于_____m。

6.3.5 设备间应防止有害气体（如氯、碳水化合物、硫化氢、氮氧化物、二氧化碳等）侵入，并应有良好的防尘措施，尘埃含量限值宜符合表30的规定。

表30　尘埃限值

尘埃颗粒的最大直径（um）	0.5	1	3	5
灰尘颗粒的最大浓度（粒子数/m^3）	1.4×10^7	7×10^5	2.4×10^5	1.3×10^5

注：灰尘粒子应是不导电的，非铁磁性和非腐蚀性的。

6.3.6 在地震区的区域内，设备安装应按规定进行抗震加固。

6.3.7 设备安装宜符合下列规定：

1. 机架或机柜前面的净空不应小于800mm，后面的净空不应小于600mm。

2. 壁挂式配线设备底部离地面的高度不宜小于300mm。

6.3.8 设备间应提供不少于_____个220V带保护接地的单相电源插座，但不作为设备供电电源。

6.3.9 设备间如果安装电信设备或其他信息网络设备时，设备供电应符合相应的设计要求。

6.4 进线间

6.4.1 进线间应设置管道入口。

6.4.2 进线间应满足缆线的敷设路由、成端位置及数量、光缆的盘长空间和缆线的弯曲半径、充气维护设备、配线设备安装所需要的场地空间和面积。

6.4.3 进线间的大小应按进线间的_____及_____。同时应考虑满足多家电信业务经营者安装入口设施等设备的面积。

6.4.4 进线间宜靠近外墙和在地下设置，以便于缆线引入。进线间设计应符合下列规定：

1. 进线间应防止渗水，宜设有_____装置。

2. 进线间应与布线系统_____沟通。

3. 进线间应采用相应防火级别的防火门，门向外开，宽度不小于___mm。

4. 进线间应设置防有害气体措施和通风装置，排风量按每小时不小于___次容积计算。

6.4.5 与进线间无关的管道不宜通过。

6.4.6 进线间入口管道口所有布放缆线和空闲的管孔应采取_____封堵，做好防水处理。

6.4.7 进线间如安装配线设备和信息通信设施时，应符合设备安装设计的要求。

6.5 缆线布放

6.5.1 配线子系统缆线宜采用在吊顶、墙体内穿管或设置金属密封线槽及开放式（电缆桥架，吊挂环等）敷设，当缆线在地面布放时，应根据环境条件选用地板下线槽、网络地板、高架（活动）地板布线等安装方式。

6.5.2 干线子系统垂直通道穿过楼板时宜采用电缆_____方式，也可采用电缆孔、管槽的方式，电缆竖井的位置应_____。

6.5.3 建筑群之间的缆线宜采用_____或_____敷设方式，并应符合相关规范的规定。.

6.5.4 缆线应远离_____和_____的场地。

6.5.5 管线的弯曲半径应符合表 31 的要求。

表 31　管线敷设弯曲半径

缆线类型	弯曲半径（mm）/倍
2 芯或 4 芯水平光缆	＞25mm
其他芯数和主干光缆	不小于光缆外径的 10 倍
4 对非屏蔽电缆	不小于电缆外径的 4 倍
4 对屏蔽电缆	不小于电缆外径的 8 倍
大对数主干电缆	不小于电缆外径的 10 倍
室外光缆、电缆	不小于缆线外径的 10 倍

注：当缆线采用电缆桥架布放时，桥架内侧的弯曲半径不应小于＿＿＿＿＿＿mm。

6.5.6 缆线布放在管与线槽内的管径与截面利用率，应根据不同类型的缆线做不同的选择。管内穿放大对数电缆或 4 芯以上光缆时，直线管路的管径利用率应 50% ~ 60%，弯管路的管径利用率应为＿＿＿＿＿%。管内穿放 4 对对绞电缆或 4 芯光缆时，截面利用率应为＿＿＿＿＿。布放缆线在线槽内的截面利用率应为＿＿＿＿＿。

7 电气防护及接地

7.0.1 综合布线电缆与附近可能产生高电平电磁干扰的电动机、电力变压器、射频应用设备等电器设备之间应保持必要的间距，并应符合下列规定：

1. 综合布线电缆与电力电缆的间距应符合表 32 的规定。

表 32 综合布线电缆与电力电缆的间距

类别	与综合布线接近状况	最小间距（mm）
380V 电力电缆 <2kV·A	与缆线平行敷设	130
	有一方在接地的金属线槽或钢管中	70
	双方都在接地的金属线槽或钢管中①	10
380V 电力电缆 2~5kV·A	与缆线平行敷设	300
	有一方在接地的金属线槽或钢管中	150
	双方都在接地的金属线槽或钢管中②	80
380V 电力电缆 >5kV·A	与缆线平行敷设	600
	有一方在接地的金属线槽或钢管中	300
	双方都在接地的金属线槽或钢管中②	150

注：①当 380V 电力电缆 <2kV·A，双方都在接地的线槽中，且平行长度≤10m 时，最小间距可为 10mm；

②双方都在接地的线槽中，系指两个不同的线槽，也可在同一线槽中用金属板隔开。

2. 综合布线系统缆线与配电箱、变电室、电梯机房、空调机房之间的最小净距宜符合表 33 的规定。

表 33 综合布线缆线与电气设备的最小净距

名称	最小净距（m）	名称	最小净距（m）
配电箱	1	电梯机房	2
变电室	2	空调机房	2

3. 墙上敷设的综合布线缆线及管线与其他管线的间距应符合表 34 的规定。当墙壁电缆敷设高度超过_____mm 时，与避雷引下线的交叉间距应按下式计算：

$$S \geqslant 0.05L \qquad (7.0.1)$$

149

式中S——交叉间距（mm）；

L——交叉处避雷引下线距地面的高度（mm）。

表 34　综合布线缆线及管线与其他管线的间距

其他管线	平行净距（mm）	垂直交叉净距（mm）
避雷引下线	1000	300
保护地线	50	20
给水管	150	20
压缩空气管	150	20
热力管（不包封）	500	500
热力管（包封）	300	300
煤气管	300	20

7.0.2 综合布线系统应根据环境条件选用相应的缆线和配线设备，或采取防护措施，并应符合下列规定：

1. 当综合布线区域内存在的电磁干扰场强低于_____时，宜采用非屏蔽电缆和非屏蔽配线设备。

2. 当综合布线区域内存在的电磁干扰场强高于 3V/m 时，或用户对电磁兼容性有较高要求时，可采用_____和_____系统。

3. 当综合布线路由上存在干扰源，且不能满足最小净距要求时，宜采用金属管线进行屏蔽，或采用屏蔽布线系统及光缆布线系统。

7.0.3 在电信间、设备间及进线间应设置楼层或局部等电位接地端子板。

7.0.4 综合布线系统应采用共用接地的接地系统，如单独设置接地体时，接地电阻不应大于_____Ω。如布线系统的接地系统中存在两个不同的接地体时，其接地电位差不应大于_____Vr. m. s。

7.0.5 楼层安装的各个配线柜（架、箱）应采用适当截面的绝缘铜导线单独布线至就近的等电位接地装置，也可采用竖井内等电位接地铜排引到建筑物共用接地装置，铜导线的截面应符合设计要求。

7.0.6 缆线在雷电防护区交界处，屏蔽电缆屏蔽层的两端应做_____连接并接地。

7.0.7 综合布线的电缆采用金属线槽或钢管敷设时，线槽或钢管应保持连续的电气连接，并应有不少于_____点的良好接地。

7.0.8 当缆线从建筑物外面进入建筑物时，电缆和光缆的金属护套或金属件应在_____就近与等电位接地端子板连接。

7.0.9 当电缆从建筑物外面进入建筑物时，应选用适配的信号线路浪涌保护器，信号线路浪涌保护器应符合设计要求。

8 防火

8.0.1 根据建筑物的防火等级和对材料的耐火要求，综合布线系统的缆线选用和布放方式及安装的场地应采取相应的措施。

8.0.2 综合布线工程设计选用的电缆、光缆应从建筑物的高度、面积、功能、重要性等方面加以综合考虑，选用相应等级的防火缆线。